11. 5, 2000

Geoffrey Kichenside

# KATASTROPHALE EISENBAHNUNFÄLLE

SNCF

Geoffrey Kichenside

# KATASTROPHALE EISENBAHNUNFÄLLE

## DIE SCHWÄRZESTEN TAGE

Bechtermünz Verlag

Die englische Originalausgabe erschien 1997 bei Parragon unter dem Titel
„Great Train Disasters. The World's Worst RailwayAccidents“

## Bildnachweis

**Barnaby's Picture Library** ©Alexander Apperley: 70; **D. E. Canning:** 11; **Foto-Service SBB:** 38; **The Hulton Getty Picture Library:** 26, 40, 41, 44, 49, 54, 57, 58, 64, 72, 76 (bttm), 77, 92, 93; **Illustrated London News:** 28, 29, 31, 34, 39, 67, 78, 80, 84, 86; **Popperfoto**: 1, 2, 6, 8, 12 (M. Mckeown), 15 (Luc Novovitch), 30, 32, 33 (beide), 36, 43, 50, 51, 52, 53, 60, 61, 62, 68, 69, 71, 73, 74, 76 (oben) 81, 82, 83, 89, 90, 94, 95; **Mary Evans Picture Library:** 7, 9, 10 (beide), 13, 63, 79; *Illustrated London News:* 16, 19, 23, 46; *L'Illustration: 20; The Graphic*: 24; *Le Petit journal:* 37; **Milepost** © Brian Lovell: 14; **Roger Viollet:** 75

*Seite 1:* Das „Clapham Junction disaster“ im Jahr 1988. Dabei starben 35 Passagiere, als ein Zug von hinten in einen anderen hineinraste.

*Seite 2:* Die Kollision zweier Züge bei Melun (45 Kilometer südlich von Paris) am 17. Oktober 1991. Das Unglück ereignete sich, weil der von rechts kommende Frachtzug ein Gefahrensignal unbeachtet ließ. Beim Zusammenstoß mit einem Fahrgastzug wurden 16 Personen getötet und 55 verletzt.

Deutsche Erstausgabe
Weltbild Verlag GmbH, Augsburg 1998

Layout: Zoë Mellors
Bildredaktion: Charles Dixon-Spain
Produktion: Neumann und Nürnberger, Machern
Aus dem Englischen übertragen von Uwe Wiesemann
Umschlaggestaltung: Atelier Adolf Bachmann, Reischach
Gesamtherstellung: Calderada, Bologna
Printed in Italy
ISBN 3-8289-5312-3

# Inhalt

73
MARC
811

# KATASTROPHEN: VERMEIDBAR ODER NICHT?

Züge gelten als das sicherste Verkehrsmittel zu Lande. Es gibt nicht wenige Jahre in der zweiten Hälfte unseres Jahrhunderts, in denen in den entwickelten Industrieländern kein einziger Mensch bei einer Zugkatastrophe sein Leben verlor. Als Musterbeispiel dafür gilt Großbritannien, wo sogar in den ersten zwölf Jahren nach dem 2. Weltkrieg kein Menschenleben als Folge eines Eisenbahnunglücks zu beklagen war. Zwar kamen Reisende beim Aufspringen auf fahrende Züge zu Tode, andere erlagen ihren Verletzungen nach einem Treppensturz auf dem Bahngelände oder starben, weil sie an Bahnübergängen unter Mißachtung von Stoppzeichen oder geschlossenen Schranken schnell vor einem Zug die Gleise überqueren wollten. Aber diese Unfälle waren nicht auf das Verschulden der Bahnbetreiber oder des Zugpersonals zurückzuführen. Seit den Kindertagen der Eisenbahn in Großbritannien vor 150 Jahren wurden insgesamt etwas mehr als 3000 Passagiere bei Zugunglücken getötet. Ein Vergleich mit den durchschnittlich 3500–4000 Menschen, die laut den britischen Statistiken jährlich im Straßenverkehr umkommen, unterstreicht die Sicherheit von Zügen.

***Links:** Ermittler und Medienvertreter am Ort des Frontalzusammenstoßes zwischen einem Amtrak-Schnellzug und einem Pendelzug bei Silver Spring im US-Bundesstaat Maryland am 17. Februar 1996, bei dem 11 Menschen ums Leben kamen.*

***Unten:** Der erste Schritt zur Dampflokomotive gelang Richard Trevithick mit seiner bahnbrechenden Dampfmaschine mit Eigenantrieb, die erstmals 1803 in Coalbrookdale und ein Jahr später vielbeachtet in der Kohlengrube Penydarren eingesetzt wurde.*

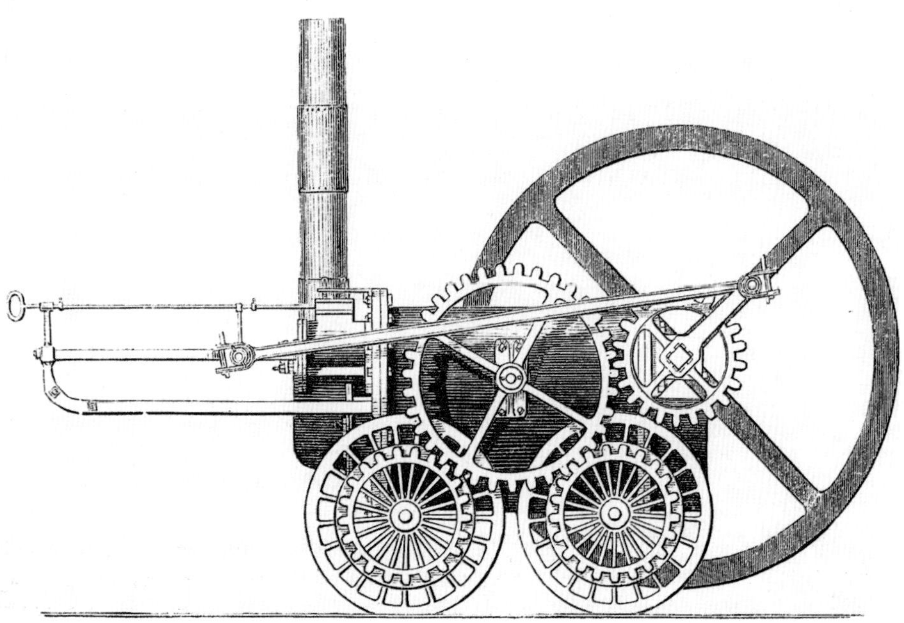

**Allerdings müßte der Zugverkehr schon deswegen sicherer sein, weil er von Natur aus geregelter abläuft als der Straßenverkehr.** Bereits ihre technischen Merkmale – spurtreue Räder, die auf Gleisen laufen – sollten die Gewähr bieten, daß sie in die richtige Richtung fahren und einander nicht in die Quere kommen. Außerdem tragen Signale, die heutzutage weitgehend automatisch funktionieren und menschliches Versagen nahezu ausschließen, dazu bei, den Sicherheitsabstand zwischen Zügen zu wahren. Sogar in den Anfangsjahren gab es bereits Vorschriften und Anweisungen für das Personal, um den Eisenbahnbetrieb so sicher wie möglich zu machen. Darin gleichen sie den britischen Straßenverkehrsregeln, die vor allem auf dem gesunden Menschenverstand (und der Disziplin) von Autofahrern und Fußgängern beruhen.

Wenn die Bahn aber so sicher ist, wieso fand sich dann genügend Material für das vorliegende Buch? Nun, die Erklärung lautet wie so oft im Leben: Eisenbahner sind auch nur Menschen und nicht gegen Fehler gefeit. Sie schätzen eine Situation fälschlicherweise als gefahrlos ein, treffen Fehlentscheidungen, sind manchmal unaufmerksam und handeln auch einmal unüberlegt. Allerdings sollte man auch folgende Tatsache in Betracht ziehen: Gerade weil Eisenbah-

***Oben: Die Eröffnung der Eisenbahn Stockton–Darlington 1825. Die erste öffentliche Zuglinie Großbritanniens, auf der Dampflokomotiven eingesetzt wurden, stellte einen gewaltigen technologischen Fortschritt dar und wurde dementsprechend bejubelt.***

nen als so sicher gelten, steht jeder Unfall im Rampenlicht. Die Öffentlichkeit wird mit Information überschwemmt – angefangen von der Berichterstattung in den Medien bis hin zu offiziellen Untersuchungen, deren Ergebnisse häufig zur Vermeidung künftiger Fehler veröffentlicht werden. Zugunglücke haben auch bei geringen Schäden hohen Nachrichtenwert, während Unfälle im Straßenverkehr im Gegensatz dazu lediglich nüchtern kommentiert werden.

## Die ersten Eisenbahnen

Zahlreiche Sicherheitsmaßnahmen und Ausrüstungsteile wurden als direkte Folge von Unfällen entwickelt. In der Pionierzeit der Eisenbahn in der ersten Hälfte des 19. Jahrhunderts – die erste Dampflokomotive mit Eigenantrieb wurde 1803 von Richard Trevithick (1771–1833) getestet und in den folgenden 20 Jahren schrittweise in Kohlengruben eingesetzt, ehe die ersten Eisenbahnverbindungen zur allgemeinen Nutzung 1825 zwischen Stockton und Darlington sowie 1830 zwischen Liverpool und Manchester eingerichtet wurden – lagen die beiden Hauptprobleme in der mangelhaften Kommunikation und der Verwendung von Werkstoffen, die sich rückblickend oftmals als ungeeignet für den Eisenbahnbau erwiesen. Aber damals gab es keine Alternative: Neuentwicklungen bedingten erst einmal eine neue Technologie.
Im Hinblick auf das Material lag das Hauptproblem in der Verwen-

dung von Eisen für Gleise, Räder, Achsen und Brücken. Gußeisen war spröde und nicht stabil genug für Gleise und Brücken, was sogar ein so berühmter Ingenieur, wie Robert Stephenson (1803–1859), Sohn des berühmten englischen Erfinders George Stephenson (1781–1848), schmerzlich feststellen mußte. Schmiedeeisen erwies sich bereits als vorteilhafter, aber der Werkstoff der Zukunft hieß Stahl, eine Neuerung aus der zweiten Hälfte des Jahrhunderts – obwohl sogar Stahl, wie wir noch sehen werden, in jüngster Zeit auch Gleis- und Achsenbrüche nicht verhindern konnte.

Das zweite Grundproblem der ersten Jahre war die mangelnde direkte Kommunikation zwischen zwei Orten. Im Zuge der Entwicklung des Eisenbahnnetzes wurden in Städten und Dörfern sowie an Knotenpunkten Stationshäuschen und Bahnhöfe gebaut. Aber wie sollte ein Bahnwärter wissen, ob der vorherige Zug bereits weit genug entfernt war, ehe er den nächsten losfahren ließ? Man muß sich vor Augen führen, daß die Züge in den 30er Jahren des 19. Jh. doppelt oder gar dreimal so schnell vorankamen wie alle bis dahin bekannten Fortbewegungsmittel, deren Entwicklung vordem begrenzt war von der Geschwindigkeit eines galoppierenden Pferdes. Ein Zug hatte selbstverständlich ein größeres Gewicht als ein Pferdewagen und kam weitaus schneller voran als dieser. Allerdings waren die Bremsen eines Zuges nicht viel besser; sie bestanden in der Regel aus zwei hölzernen Bremsklötzen, die mit Hilfe eines Handrads fest gegen die Räder gepreßt werden mußten, so daß ein Zug sogar bei Geschwindigkeiten von 65 km/h oft einen Bremsweg von 800 m oder mehr benötigte. Aufgrund des fehlenden Nachrichtenaustauschs zwischen den Stationen über Abfahrt bzw. Ankunft eines Zuges, wurde das Intervallsystem eingeführt. Es setzte voraus, daß der vorhergehende Zug fahrplanmäßig verkehrte. Der folgende Zug mußte vor der Weiterfahrt eine bestimmte Zeit abwarten, d.h. Züge verkehrten in Intervallen, woraus sich der Name des Systems ableitete. Der Stationsvorsteher (damals in Großbritannien noch 'policeman' – Polizist – genannt, da sich das Sicherheitssystem in den ersten Jahren des Eisenbahnwesens stark an den Strukturen der Metropolitan Police orientierte) signalisierte dem Fahrer eines nachfolgenden Zuges durch Handzeichen oder verschiedenfarbige Flaggen, ob die Strecke frei war. In der Regel wurde nach Abfahrt eines Zuges fünf Minuten lang das Signal 'Gefahr' (rot) angezeigt; dies bedeutete für den Fahrer des folgenden Zuges, daß er anzuhalten hatte. Betrug der zeitliche Abstand zwischen fünf und zehn Minuten, wurde dem Fahrer das Signal 'Achtung' (grün) gezeigt; der Zug durfte weiterfahren, mußte aber seine Geschwindigkeit drosseln. Nach zehn Minuten erhielt der zweite Zug das Signal 'freie Fahrt' (weiß) und durfte mit normalem Tempo weiterfahren.

## Der elektrische Telegraph

1837, kurz nach Eröffnung der ersten Eisenbahnlinien, entwickelten die Physiker William Cooke (1806–1879) und Charles Wheatstone (1802–1875) den elektrischen Telegraphen. Dieses elektromagnetische Gerät beruhte auf dem Prinzip, daß bewegliche Nadeln in der Anzeige des Empfanggerätes nach rechts oder links ausschlugen. Ursprünglich besaß der Telegraph einen Satz von fünf Nadeln, von denen immer zwei zugleich auf ein Buchstabenfeld zeigten, damit die Nachrichten entschlüsselt werden konnten. Bereits kurze Zeit später wurde die Technik vereinfacht, indem man die Zahl der Nadeln verringerte. Durch die Entwicklung des Morsealphabets um 1840, entstanden beim seitlichen Ausschlag eines einzigen Zeigers Punkte und Striche. Nachrichten konnten mit Hilfe des Codes auf schnellstem Wege übermittelt werden. Die elektrischen Eisenbahntelegraphen in Großbritannien wurden sehr bald noch weiter vereinfacht: Ein Zeiger schlug in die eine oder andere Richtung aus oder blieb gerade stehen, was soviel bedeutete, wie 'normal', 'Strecke frei' oder 'Zug unterwegs'. Damit war die Grundlage für sog. Blockstreckenregler geschaffen, die dem Personal Auskunft über den Verkehr auf dem Streckenabschnitt zwischen zwei Stationen gaben.

Allerdings kam die Entwicklung des elektrischen Telegraphen – zumindest in Großbritannien – zu spät, um die weitgehende Ein-

***Links: Auch bei den industriellen Eisenbahnen vor Erfindung der Dampfmaschine nutzte man die Schwerkraft zum Beladen der Kohlewaggons – wie hier im Bergwerk von South Hetton.***

***Oben:** Seit ca. 1845 konnte man dank der Entwicklung des elektrischen Telegraphen Nachrichten nach dem Morsealphabet zwischen Stationen und Kontrollzentren übermitteln.*

***Oben rechts:** Die ersten Signale für einer sichere Weiterfahrt erhielt der Lokführer per Handzeichen oder Flaggen. Auch das einfache Stillstehen ohne Flaggenzeichen galt als Form der Signalübermittlung.*

führung des Blockabstandssystems, das sich ca. 60 Jahre behaupten konnte, zu stoppen. Einige Bahngesellschaften sahen im Einsatz des Telegraphen keinen wesentlichen Beitrag zur Erhöhung der Zugsicherheit. Außerdem wurden Flaggen- oder Handzeichen zunehmend durch mechanische Signale ersetzt; zunächst in Form rechteckiger Tafeln oder Scheiben, die durch Hebel am Fußende des Signalmastes gestellt wurden, und später durch Flügelsignale, wobei aus dem Winkel des Flügels der jeweilige Streckenzustand erkennbar war (waagerecht für 'Gefahr'; 45 °-Winkel für 'Achtung' und senkrecht für 'freie Fahrt'; die wurden auch farblich unterschieden durch rot für 'Stop', grün für 'Achtung' und weiß für 'freie Fahrt').

## Signalverriegelungen

Zunächst wurden Signale und Weichen einzeln von Hebeln und Griffen am jeweiligen Standort bedient, aber ab ca. 1860 wurden die Stellglieder für Signale und Weichen an einem Bahnhof oder einer Station in einer Anlage zentralisiert und durch mechanische Hebel und Riegel miteinander verbunden. Wenn also die Weichen entlang einer bestimmten Strecke geregelt werden sollten, konnten nur die Signalhebel für den betreffenden Abschnitt auf 'freie Fahrt' gestellt werden. Weichen und Signale mußten übereinstimmen. Signale für andere Zugbewegungen konnten nicht gleichzeitig freigegeben werden. Damit schlug die Geburtsstunde für die Automatisierung der Stellwerke mit dem Ziel der Vermeidung von Fehlern.

## Der systematische Blockabstand

Nachdem sich die Blockstreckenregler durchgesetzt hatten, bezeichnete man den Gleisabschnitt zwischen zwei Stellwerken als 'Blockstrecke'. Ländliche Bahnhöfe bzw. Bahnknotenpunkte verfügten lediglich jeweils über ein Stellwerk, während größere Stadtbahnhöfe mehrere Stellwerke besaßen. Damit waren die Voraussetzungen für den sog. „absoluten Block" erfüllt, wonach auf einer Linie innerhalb eines Streckenabschnitts immer nur ein Zug verkehren durfte. Die Arbeit übernahmen Signalwärter (dieser Begriff hatte sich inzwischen durchgesetzt). Sie gaben bei der Ein- und Ausfahrt eines Zuges in einen bzw. aus einem Streckenabschnitt Meldungen über Blockstreckenregler und elektrische Klingelzeichen weiter. Jede Linie verfügte in jedem Abschnitt über ihre eigenen Blockstreckenregler. Die Streckensignale außerhalb des Stellwerks gaben dem Lokführer Auskunft, ob er halten mußte oder weiterfahren durfte.

Allerdings beruhte das gesamte System darauf, daß die Signalwärter korrekt arbeiteten und die Lokführer die Signale beachteten.

## Eingleisige Strecken

Eingleisige Strecken beinhalten von jeher ein höheres Risiko als zweigleisige Strecken, denn ein und derselbe Gleisabschnitt wird in beiden Richtungen befahren. In Großbritannien wurde die Sicherheit auf eingleisigen Strecken ursprünglich von einem Zugbegleiter für jeden Abschnitt gewährleistet. Später wurde das System automatisiert, und zwar zunächst durch den Einsatz eines Holzstabes und um die Jahrhundertwende – abgeleitet von patentierten Erfindungen des Signaltechnikers Edward Tyer aus dem Jahre 1878 – durch elektrische Geräte: einen Stab, eine Marke oder eine kleine runde Platte aus Metall. Wenn ein Lokführer einen eingleisigen Abschnitt befuhr, mußte er zwischen den Passierpunkten im Besitz des Stabes bzw. der Marke für diesen Abschnitt sein, andernfalls durfte er nicht weiterfahren.

In anderen Teilen der Welt kamen für eingleisige Abschnitte andere Systeme zum Einsatz. In vielen Ländern, insbesondere in Nordamerika und auf dem europäischen Festland, blieb dieses Stabprinzip weitgehend unbekannt. Anstelle dessen wurden hier Fahrpläne und Zugleitsysteme aufgestellt. Demzufolge mußten die Züge nach Plan fahren, den Gegenverkehr in vorgeschriebenen

***Links:* Seit mehr als 100 Jahren dienen mechanische Hebel zum Stellen von Signalen und Weichen. Dieses Großstellwerk in Newton Abbot East wurde 1987 von einer modernen elektrischen Anlage abgelöst, aber ähnliche Einrichtungen sind vereinzelt noch heute in Betrieb.**

**Oben: Um 1920 setzte sich die elektrische Regelung von Signalen und Weichen immer mehr durch. Das Bild zeigt die elektrische Kontrollanlage Crewe South aus den frühen 40er Jahren. Die Blockstrecken-telegraphen befinden sich oberhalb der Stellhebel.**

Bahnhöfen oder an entfernten Passierschleifen vorbeilassen. Schwierig wurde es nur bei Verspätungen. Der Streckenbevollmächtigte, Dispatcher oder die Stationswärter an beiden Endpunkten der eingleisigen Strecke mußten per Telegraph (später per Telefon) neue Passierpunkte festlegen und die Lokführer mündlich oder in der Regel mittels schriftlicher Anweisung über die geänderten Vorkehrungen informieren. Auch für Zusatzzüge wurden entsprechende Anweisungen ausgegeben, welche sowohl dem Personal des zusätzlichen als auch des regulären Zuges übergeben wurden.

## Motorbremsen

Etwa 1875 war deutlich geworden, daß Handbremsen, möglicherweise verstärkt durch Dampfbremsen an der Lokomotive – bzw. durch den Rücklauf zur effektiveren Verzögerung – für schwerere Züge und höhere Geschwindigkeiten nicht ausreichten. Die Ingenieure arbeiteten daher an der Entwicklung von motorgetriebenen Bremsen. Dabei entstanden verschiedene Formen mechanischer Bremsen. Die vielversprechendsten Neuerungen beruhten auf der Nutzung der Luftdruckänderung, entweder durch das Absaugen der Luft aus dem Kreislauf und Herstellung eines Vakuums oder durch die Einspeisung von Luft in einen Behälter, so daß die Bremsen durch Druckluft aktiviert werden. Ferner gab es von jeder Variante zwei Ausführungen, und zwar 'einfache' und 'automatische'. Alle vier Typen besaßen eine Luftversorgungsleitung, die durch den gesamten Zug führte und an jedem Wagenende mit Spezialkupplungen ausgerüstet war. Damit ließ sich die Leitung unterbrechen, wenn die Waggons von einander getrennt oder von der Lokomotive abgekoppelt wurden.

Die einfachen Ausführungen an sich waren zum Scheitern verurteilt. Bei der Vakuum-Konstruktion beruhten sie ausschließlich darauf, daß die dampfgetriebene Ansaugpumpe in der Lokomotive die Luft aus der Versorgungsleitung entfernt, so daß durch das entstehende Vakuum ein Kolben im Bremszylinder jedes Zugwagens entsteht. Wenn die Zugleitung aus irgendeinem Grund beschädigt wird, z.B. bei einer Entgleisung, ließe sich das erforderliche Vakuum nicht herstellen. Ähnliches ergibt sich für die einfache Druckluftkonstruktion, wo die Druckluft nicht bis zu den Bremszylindern gelangt, wenn die Bremsleitung defekt ist.

Die automatische Vakuumbremse basiert auf dem entgegengesetzten Prinzip. Die Bremsen sind durch ein Vakuum in der Bremsleitung und den -zylindern deaktiviert. Wenn der Lokführer oder der Zugbegleiter bremsen oder wenn die Bremsen durch einen Leitungsdefekt betätigt werden, dringt Luft in das System ein. Allerdings bleibt das Vakuum im Bremszylinder auf einer Seite des Kolbens erhalten, und die Luft auf der anderen Seite bewegt den Kolben, der die Bremsung auslöst. Zum anderen entwickelte der US-Ingenieur George Westinghouse (1846–1914) die nach ihm benannte automatische Druckluftbremse. Bei dieser werden die Bremsleitung des Zuges und die Behälter jedes Wagens mit Druckluft befüllt, so daß keine Bremsung stattfindet. Wenn der Lokführer bremst oder die Leitung beschädigt wird, entweicht Luft aus der Leitung, und ein Ventil in jedem Wagen führt dem Bremszylinder Druckluft aus den Behältern zu, um die Bremsen zu aktivieren.

## Die Zugerkennung

Bis in die beiden letzten Jahrzehnte des 19. Jh. entwickelte man verschiedene Geräte zur Erkennung von Zügen auf einem Streckenabschnitt. Um 1870 kamen in den USA die ersten Gleisstromkreise auf. Bei dieser Methode wird eine Niederspannung (von einer Batterie) durch einen elektrisch isolierten Gleisabschnitt gesandt, an dessen Ende ein Relais angebracht ist. Befindet sich ein Zug auf der Strecke, überbrückt der Strom durch das Metall der Räder das Relais, wodurch entweder die Durchfahrt des Zuges angezeigt oder Signale verriegelt werden, damit kein anderer Zug in den Abschnitt einfahren kann. Gleisstromkreise setzten sich ab ca. 1890, insbesondere aber nach dem 1. Weltkrieg auch in Großbritannien durch. Sie bilden heute das Herzstück der modernen Signaltechnik.

Zeitgleich mit den ersten Gleisstromkreisen kamen auch elektromechanische Durchbiegungskontakte auf. Sie kamen im sog. Blockabstandssystem mit Zugeinwirkung zum Einsatz. Dabei mußten die Züge nachweisbar einen Durchbiegungskontakt betätigen, ehe die Signale geöffnet oder geschlossen wurden.

## Armagh und seine Auswirkungen

Wenn man behauptet, daß Neuerungen in der Signal- und Sicherheitstechnik insbesondere nach Unglücksfällen Einzug hielten, dann hat sich wohl die Katastrophe von Armagh im Jahre 1889 (siehe S. 25) die größten Verdienste bei der weiteren Entwicklung des Eisenbahnwesens auf den Britischen Inseln erworben. Sie bescherte Großbritannien sehr viel strengere Sicherheitsvorschriften als anderen Ländern, und dies zu einem weitaus früheren Zeitpunkt. Auf der Unfallstrecke verfuhr man noch immer nach dem Intervall-

***Unten: Abgekoppelte Wagen verursachten den Zusammenstoß von Armagh 1889. Das britische Parlament verabschiedete daraufhin strengere Gesetze zur Kontrolle und Betrieb von Eisenbahnen und setzte grundlegende Sicherheitsabläufe durch. Die abgekoppelten Wagen zerbarsten in tausend Stücke, als die Trümmer den Hang hinabstürzten.***

***Oben:** In den 60er Jahren führten Frankreich und Japan den Wettbewerb bei Hochgeschwindigkeitszügen an. Die neuen Züge fuhren 250 km/h, ihre Cockpits waren mit Signaltechnik und automatischer Kontrolle zur Vermeidung von Fahrfehlern ausgerüstet. Das Bild zeigt einen japanischen Hochgeschwindigkeitszug.*

prinzip, die Züge hatten einfache Vakuumbremsen, und die Betriebsvorschriften waren primitiv. Das britische Parlament sah sich nunmehr plötzlich gezwungen, der Bahnaufsichtsbehörde Weisungsvollmachten, insbesondere zur Durchsetzung von drei Maßnahmen, zu erteilen: Verriegelung von Signal- und Weichenstellern in Stellwerken, Übernahme des absoluten Blocks im Personenverkehr und Ausstattung von Personenzügen mit durchgehenden Automatikbremsen. Letzteres bedeutet, daß die Bremse bis auf wenige Ausnahmen durch den gesamten Zug hindurchführen muß.

## Automatisierung und Zusatzkomponenten

Seit dem Ende des 19. Jh. ist die Eisenbahn weltweit sicherer geworden. Der Grundstein für derartige Verbesserungen wurde im vergangenen Jahrhundert in den USA, Großbritannien und anderen europäischen Ländern gelegt. Von dort aus faßten sie im Rahmen des Kolonialsystems durch den kulturellen Austausch oder den Direktverkauf von Anlagen in anderen Teilen der Welt Fuß.
Im 20. Jahrhundert wurde die Sicherheit durch verstärkte Automatisierung mit dem Ziel der Verringerung oder Vermeidung menschlicher Fehler erhöht. Um 1910 wurden in den USA und zehn Jahre später in Großbritannien und anderswo in Europa verschiedene Farben für Nachtsignale und die neuen Lichtsignalanlagen eingesetzt: rot bedeutete 'Gefahr', gelb 'Achtung' und grün 'freie Fahrt'. Dies sollte verhindern, daß die Lokführer die weißen Lichter der Geländebeleuchtung an der Bahnstrecke mit dem Signal für 'freie Fahrt' verwechselten. Die elektrische Bedienung von Weichen und Signalen ersetzte zunehmend mechanische Drähte und Hebel, so daß die Stellwerke größere Abschnitte beaufsichtigen konnten. Gleisstromkreise kamen verstärkt zum Einsatz, um Fehler seitens der Signalwärter auszuschalten; einige Signale wurden sogar vollautomatisch von Gleisstromkreisen überwacht. Nach dem 2. Weltkrieg begann zunächst der elektrische Betrieb seinen Siegeszug. Später trat die Elektronik auf den Plan und bot bessere Möglichkeiten zur Überwachung von Signalen bis zu einer Entfernung von mindestens 160 km. Heute gewährleisten Computer und eine moderne Kommunikation eine nahezu vollständige Automatisierung.
Für den Lokführer wurden automatische Warnsysteme entwickelt. Sie zeigen an, ob er die Geschwindigkeit beibehalten kann oder wegen eines Gefahrsignals abbremsen muß. In vielen Ländern sind sie bis heute das einzige Hilfsmittel der Zugkapitäne – und dabei nicht einmal eine Selbstverständlichkeit. Der sichere Zugverkehr hängt

noch immer davon ab, ob der Lokführer die Signale beachtet, ihre Bedeutung richtig interpretiert und daraufhin die geforderten Zugmanöver ausführt. Somit ist menschlichen Irrtümern häufig Tür und Tor geöffnet. Auf wenigen Strecken – vor allem auf Hochgeschwindigkeitstrassen in Japan, Frankreich, Deutschland und einigen anderen Ländern sowie durch den Kanaltunnel – werden die Entscheidungen des Zugkapitäns vollautomatisch kontrolliert, so daß sofort Sicherheitssysteme aktiviert werden, wenn er nicht abbremst, ein Stoppsignal übersieht oder die Geschwindigkeitsvorgaben nicht einhält. Bei den neuesten Anlagen im städtischen Nahverkehr, z. B. bei der Londoner Docklands Light Railway, fahren die Züge vollautomatisch. Die Steuerungen kommen ohne menschliche Eingriffe aus.

## Was kann also noch passieren?

Trotz der genannten Sicherheitsvorkehrungen, die in den letzten ca. 100 Jahren entwickelt wurden, fehlen auf vielen Eisenbahnstrecken heute noch automatische Einrichtungen, die ein menschliches Versagen ausschalten. Die Sicherheitsstandards weichen zwischen den Betreibergesellschaften und Ländern ab. In einigen Ländern gibt es noch immer Bahnhöfe und Stationen ohne Signalverriegelung, und jede Weiche muß mechanisch gestellt werden. Auf anderen Strecken ist noch immer das Fahrplan- und Zugleitsystem in Kraft, wobei die Stationen untereinander über Telegraph und Telefon verbunden sind. Das schlimmste Zugunglück der letzten 20 Jahre in Deutschland geschah auf einem eingleisigen Abschnitt, auf dem nach Fahrplansystem und mit telefonischer Benachrichtigung gearbeitet wurde (siehe S. 50). Andere Katastrophen wurden nicht durch Bedienfehler, sondern durch natürliche Ursachen, in der Regel durch die Wetterlage, hervorgerufen, obwohl man sich vielleicht auch hier fragen muß, ob in solchen Fällen nicht auch menschliches Versagen eine Rolle spielt: Konnte der Ingenieur nicht absehen, daß eine Brücke unter der Last eines Zuges zusammenbrechen und der Zug in einen reißenden Strom stürzen könnte? War die Brücke richtig konstruiert? Waren die Werkstoffe für den Brückenbau geeignet? Das Unglück auf der Tay Bridge 1879 (siehe S. 64) machte eine Vielzahl von Fehlern in der Brückenkonstruktion deutlich. Und wie war das mit der Dampflok, die ihre Last durch einen steilen Tunnel ziehen mußte? Die Maschine ist überfordert, wird immer langsamer und kommt schließlich in dem langen Tunnel zum Stillstand. Das Zugpersonal versucht, das Feuer zu schüren, um mehr Dampf zu erzeugen. Hier liegt kein Betriebs- oder Signalfehler vor, aber genau diese Umstände führten 1944 zu einer der größten Eisenbahnkatastrophen in Europa: Mehr als 400 Passagiere erstickten an einer Rauch- bzw. Kohlenmonoxidvergiftung (siehe S. 75).
Sicherheitsmaßnahmen können die Zahl der Unfälle senken und deren Auswirkungen mildern, aber sie können sie nicht ganz ausschließen, wie wir im weiteren Verlauf dieses Buches sehen werden.

***Links: Für 11 Menschen kam die Hilfe der Rettungsmannschaften zu spät, als ein Amtrak-Expreß mit einem Pendelzug im US-Bundesstaat Maryland am Abend des 17. Februar 1996 zusammenstieß.***

# KAPITEL 2

# KATASTROPHEN DER VIKTORIANISCHEN EPOCHE

In den ersten 60 Jahren des kommerziellen Eisenbahnverkehrs in Großbritannien – etwa zwischen 1830 und 1890 – entwickelten sich die Sicherheitsvorkehrungen nur schleppend. Die Ursache dafür lag vor allem in den mangelnden Kommunikationsmöglichkeiten bis zur Nutzung von Telegraphen. Die Routinetätigkeiten leiteten sich ausschließlich aus gedruckten Anweisungen und Vorschriften ab. Für die Zugunglücke der viktorianischen Zeit gibt es verschiedene Gründe – in einigen Fällen konnte nicht einmal die neue Technologie schlimme Zwischenfälle mit Todesfolge verhindern. Die in diesem Kapitel beschriebenen Unglücke ereigneten sich zwar ausnahmslos auf den Britischen Inseln, hätten aber ebensogut in einem anderen europäischen Land geschehen können, da sich die Betriebsabläufe nur geringfügig unterschieden. Anders war die Lage in den USA und Kanada, wo weitaus größere Entfernungen zurückzulegen waren und der Telegraph recht bald fester Bestandteil aller neuen Eisenbahnkonstruktionen wurde. Andernorts – z. B. in Afrika – hielt die Eisenbahn erst sehr viel später Einzug, so daß die verbesserten Sicherheitsnormen bereits berücksichtigt werden konnten.

***Links:* Der Zusammenstoß abgekoppelter Güterwagen voller Paraffinfässer mit dem Irish Mail-Express in Abergele (Wales) zertrümmerte nicht nur dessen Lokomotive, sondern auch alle Passagiere der ersten vier Wagen wurden Opfer der Flammen.**

## Der Zusammenstoß im Clayton Tunnel, 1861

**Der Zusammenstoß im ca. 2 km langen Clayton Tunnel auf der Hauptstrecke zwischen London und dem südenglischen Brighton am 25. August 1861** löste deshalb einen so großen Schock aus, weil der elektrische Telegraph damals bereits weit verbreitet war und von einigen Eisenbahngesellschaften für das Auslösen des absoluten Blocks genutzt wurde. Auch für den Zugbetrieb durch den Clayton Tunnel bediente man sich des Telegraphen. Die Geräte befanden sich an beiden Enden des Tunnels in kleinen Häuschen, die mit Polizisten/Signalwärtern besetzt waren. Jene gaben den Zugführern Flaggenzeichen. Allerdings war die Geschäftsleitung der London, Brighton & South Coast Railway (LBSCR), welche die Strecke betrieb, von den Vorteilen der Telegraphen nicht überzeugt und verschloß sich weitgehend dem Einsatz dieser Geräte. Daher kam auf den meisten Strecken der LBSCR, einschließlich eines großen Teilstücks der Hauptlinie nach Brighton, das Intervall-System zur Anwendung.

> **Als der Zug 10.35 Uhr die Steigung heraufschnaufte, sah der Heizer die abgekoppelten Waggons auf sich zu rasen. Zwar bremste der Zugführer, aber noch vor dem Stillstand der Maschinen prallten die Waggons auf seine Lokomotive.**

Am Morgen des 25. August 1861 sollten laut Fahrplan drei Züge Brighton in Richtung London im Abstand von jeweils 10 Minuten verlassen. Da der erste sich verspätete, fuhren die Züge auf Anweisung des Bahnhofsvorstehers von Brighton um 08.28, 08.31 und 08.35 Uhr ab. Diese Abstände lagen weit unter dem vorgeschriebenen 5 Minuten-Takt. Am Südende des Clayton Tunnels stand als weitere Errungenschaft der neuen Technologie ein Warnsignal ca. 275 m vor dem Tunneleingang. Dieses Signal wurde normalerweise vom Wärter über einen Hebel und ein Drahtseil gestellt, mußte jedoch automatisch wieder in die Ausgangsstellung 'Gefahr. Stop!' zurückgehen, sobald die Räder eines vorbeifahrenden Zuges einen mechanischen Umschalter an der Gleisinnenkante nach unten drückten.

Zur Übermittlung von Nachrichten zwischen den beiden Tunnelenden dienten Telegraphen. Der erste Zug fuhr beim Signal 'freie Fahrt' ordnungsgemäß in den Tunnel ein, aber der Durchbiegungskontakt setzte das Warnsignal anschließend nicht auf 'Gefahr'. Nur reichlich zwei Minuten später traf der zweite Zug am Südeingang des Tunnels ein, wo das Warnsignal noch immer auf 'freie Fahrt' stand. Der Signalwärter starrte gebannt darauf, denn er hatte noch keine telegraphische Bestätigung erhalten, daß der erste Zug den Tunnel schon verlassen hatte. Als der zweite Zug mit voller Geschwindigkeit an ihm vorbeifuhr, konnte er dem Lokführer gerade noch eine rote Flagge zeigen. Zum gleichen Zeitpunkt meldete der Telegraph 'Zug ausgefahren' für den ersten Zug. Daraufhin schickte der Wärter die Nachricht 'Zug eingefahren' für den zweiten Zug. Außerdem gelang es ihm, das Warnsignal auf 'Gefahr' zu stellen. Was dann über den Telegraphen mitgeteilt wurde, geht aus dem Untersuchungsbericht nicht klar hervor.

Bekannt ist jedoch, daß der Signalwärter am Südeingang des Tunnels telegraphisch nachfragte, ob der Zug ausgefahren sei. Er meinte damit den zweiten Zug, aber sein Kollege am Nordeingang bezog die Frage irrtümlicherweise auf den ersten. Daraufhin zeigte der Mann am Südeingang dem Führer des dritten Zuges 'freie Fahrt' an. Allerdings wußte der Signalwärter am Südeingang nicht, daß der Zugkapitän des zweiten Zuges bei der Einfahrt in den Tunnel die roten Flagge gerade noch bemerkt und so gut wie möglich gebremst hatte. Der Zug kam zu Stehen, wobei das Zugende sich ca. 183 m vom Südeingang des Tunnels entfernt befand. Da er nicht wußte, was die rote Flagge zu bedeuten hatte, entschied er sich fatalerweise, rückwärts mit seinem Zug auszufahren und nach der Ursache zu fragen.

Der dritte Zug fuhr mit ca. 40 km/h in den Tunnel ein. Der Lokführer konnte nicht ahnen, welche Falle ihm die allgemeine Kopflosigkeit stellen würde. Seine Lokomotive prallte auf die hinteren Wagen des zweiten Zuges, die allesamt aus leichtem Holz gebaut waren und wie Streichhölzer splitterten. Die Trümmer wurden ineinandergeschoben und verkeilten sich an den Tunnelwänden. Das Zusammendrücken der Überreste und die Dunkelheit trugen dazu bei, daß hohe Verluste zu beklagen waren: Von den insgesamt 589 Fahrgästen kamen 23 ums Leben, 176 wurden zum Teil schwer verletzt.

Der Beamte, der die Untersuchung leitete, übte harte Kritik, allerdings weniger an den Signalwärtern, als vielmehr an einem System, demzufolge drei Züge innerhalb von sieben Minuten losfahren durften und das keine ordnungsgemäße Kontrolle der Zeitabstände bot. Die LBSCR fügte sich der Anweisung des Untersuchungsbeamten, systematisch zum absoluten Block überzugehen, erst nach zähem Widerstand.

## Die Entgleisung von Staplehurst, 1865

**Die South Eastern Railway gehörte zu den zukunftsorientierten Betreibergesellschaften.** Sie installierte die Kombination Block-Telegraph Mitte des 19. Jh. entlang ihrer gesamten Hauptstrecke von Charing Cross über Tonbridge nach Dover. Andere Mitteilungen, z.B. über die Durchführung von Reparaturen entlang der Strecke, wurden jedoch weiterhin in schriftlicher Form und laut Dienstbuch, das auch die Sicherheitsmaßnahmen enthielt, übermittelt. Alle Arbeiten, welche den Zugbetrieb beeinträchtigten, mußten von einem Flaggenwärter in ausreichender Entfernung von der Baustelle gesichert werden, damit die Züge rechtzeitig abbremsen oder anhalten konnten. Außerdem wurden die Lokführer damit auf die aktuellen Gegebenheiten hingewiesen. Ferner wurden Signalzünder (welche durch die Fronträder des nahenden Zuges ausgelöst wurden) auf den Gleisen angebracht.

Am 9. Juni 1865 erneuerte der Reparaturtrupp in Staplehurst (zwischen Tonbridge und Ashford) Holzschwellen auf einer niedrigen gußeisernen Brücke über einen kleinen Fluß. Sie hatten es fast geschafft und mußten nur noch die letzte der 32 Schwellen ersetzen. Der Vorarbeiter plante, die Arbeiten zwischen den Zügen um 14.51 Uhr nach London und um 16.15 Uhr von London abzuschließen. Laut Vorschriften mußte die Strecke vor der gesperrten Brücke auf einer Länge von insgesamt 914 m im Abstand von jeweils 183 m mit Signalzündern gesichert werden. Am Anfang mußte der Flaggenwärter zwei Signalzünder befestigen und jedem heranfahrenden Zug mit einer roten Flagge Zeichen geben. Die Position des Flaggenwärters wurde anhand der Telegraphenmaste bestimmt, die in diesem Fall aber nicht den geforderten Abstand hatten, sondern nur ca. 46 m voneinander entfernt waren. So stand der Mann lediglich etwas mehr als 500 m vor der Brücke und hatte außerdem keine Signalzünder auf den Gleisen plaziert. Damit aber nicht genug, denn der Vorarbeiter hatte einen Zubringerzug für die Kanalfähre in Folkestone übersehen, der nicht im regulären Fahrplan eingetragen war. Der Fährbetrieb im Ärmelkanal unterlag den Gezeiten, und darauf waren auch die Anschlußzüge nach London abgestimmt. Diese Durchfahrten waren in einer gesonderten Mitteilung aufgeführt. Allerdings hatte der Vorarbeiter das Datum verwechselt und nahm an, der betreffende Zug würde Headcorn, die nächste Station östlich von Staplehurst, um 17.20 Uhr passieren. In Wirklichkeit, fuhr der Zug aber bereits zwei Stunden eher.

Der Arbeitstrupp hatte gerade die letzte Schwelle eingesetzt und mußte nur noch zwei Gleisabschnitte einfügen, als sich der Fäh-

***Gegenüberliegende Seite: Die Folgen der Entgleisung von Staplehurst 1865. Der Schiffszubringer Folkestone–London wurde bei der Auffahrt auf eine Brücke, auf der man wegen einer Reparatur die Gleise entfernt hatte, zertrümmert. Einer der Überlebenden war der Schriftsteller Charles Dickens.***

renzubringer mit 80 km/h näherte. Der Lokführer bemerkte die rote Flagge, aber bei einer Entfernung von etwas mehr als 460 m bis zur Brücke und nur mit Handbremse und speziellen mechanischen Bremsen an einigen Wagen, kam die Lokomotive zwangsläufig erst mitten auf der Baustelle zum Stillstand.

Erstaunlicherweise kippten Lokomotive, Kohle- und Gepäckwagen auf den Holzschwellen nicht um. Allerdings brach die gußeiserne Brückenkonstruktion und stürzte in den Fluß. Dabei riß sie fünf der sechs Passagierwagen mit in die Tiefe; lediglich der erste blieb an den Gepäckwagen davor gekoppelt und hing über den Brückenrand. Unweigerlich waren Verluste zu beklagen: 10 Fahrgäste wurden getötet und 49 verletzt.

Einer der Überlebenden in jenem ersten Wagen war der Schriftsteller Charles Dickens (1812–1870), der zum Zeitpunkt des Unfalls gerade das Manuskript zu seinem Werk *Our Mutual Friend (Unser gemeinsamer Freund)* überarbeitete und diesem schließlich ein Nachwort über dieses Unglück hinzufügte.

Die Schuld an diesem Unfall wurde dem Vorarbeiter mit der Begründung gegeben, er habe die Arbeiten nicht ausreichend gesichert.

Überhaupt zählte jene Woche zu den schwärzesten Kapiteln der Eisenbahngeschichte. Zwei Tage vor Staplehurst ereignete sich ein ähnlicher Unfall in Rednal zwischen Shrewsbury und Chester. Dort war der Arbeitstrupp damit beschäftigt, die Holzschwellen zu entfernen und den Untergrund mit Schotter aufzuschütten, um die Gleise in der Höhe zu richten. Ein Reisezug näherte sich der Baustelle mit hoher Geschwindigkeit. Der verantwortliche Führer der beiden Lokomotiven übersah die grüne Warnflagge an einem Pfosten neben der Strecke etwa 1000 m vor der Baustelle. Es gab weder einen Flaggenwärter noch Signalzünder. Die erste Lokomotive sprang aus der Spur wegen der fehlenden Gleise, fuhr aber weiter bis sie sich im Bahnhof Rednal nach mehreren Weichen überschlug. Die Wagen türmten sich auf; vier wurden zerstört, andere schwer beschädigt. Die zwei Lokomotivführer und elf Passagiere wurden getötet, 30 verletzt.

## Zusammenstoß und Brand von Abergele, 1868

**In Nordwales verläuft die Hauptstrecke zwischen Chester und Holyhead unmittelbar an der Küste.** Zwar ist sie zum großen Teil eben, aber die Züge müssen auf ihrer Fahrt entlang der Strände und durch die Klippen eine Reihe von Anhöhen überwinden. Einer dieser Anstiege westlich von Abergele in Richtung Llysfaen ist ziemlich steil und führt über 5 km, ehe die Strecke anschließend abfällt und die Gegend um die Colwyn Bay durchquert.

Am 20. August 1868 fuhr ein Güterzug in der Mittagszeit von Crewe nach Holyhead und hielt unterwegs mehrfach an, um Waggons abzuholen bzw. abzustellen. Gemäß den Vorschriften mußte ein Güterzug einen Bahnhof innerhalb einer festgelegten Mindestfrist verlassen, ehe ein Personenzug Einfahrt erhielt. Damit blieb dem Güterzug ausreichend Zeit, an einen der nächsten Rangierpunkte zu gelangen, um den nachfolgenden Zug vorbeizulassen. An jenem Tag verließ der Güterzug Abergele etwas mehr als 20 Minuten vor dem Irish Mail-Expreß von London Euston nach Holyhead. Die nächsten Ausweichmöglichkeit lag ca. 5 km entfernt in Llysfean, Llanddulas, nahe dem Gipfel eines steilen Hügels. Selbst wenn der Güterzug hätte nur ein kleines Umkehrmanöver machen müssen, um auf das Rangiergleis von Llysfaen zu gelangen und die Strecke für den Irish Mail-Expreß frei zu machen, wäre die Frist gefährlich kurz ausgefallen. Aber die Rangiergleise in Llysfaen waren zum Teil durch andere Waggons belegt, so daß für den Güterzug nicht genug Platz blieb.

Der Bahnhofsvorsteher entschied unter Mißachtung der Vorschriften, den Güterzug zu trennen, den hinteren Teil auf der Hauptstrecke stehen zu lassen und den vorderen Teil auf die Nebengleise zu schieben. So blieben sechs Wagen und der Dienstwagen auf dem Hauptgleis, nur durch die Handbremse im Dienstwagen auf der steilen Anhöhe gesichert. Die beiden folgenden Wagen waren mit Paraffinfässern beladen. Die Lokomotive des Güterzuges verließ das Rangiergleis mit drei Waggons voller Holz, die sie mit Schwung in Richtung der Waggons auf dem Hauptgleis schob. Der nebenher laufende Bremser versuchte vergeblich, den Hebel der Handbremse am Wagengestell ordnungsgemäß anzuziehen, so daß die Holzwaggons mit ziemlicher Wucht auf den ersten stehenden Wagen prallten. Der Ruck reichte aus, um die sechs Waggons und den Dienstwagen rückwärts die Anhöhe hinab in Richtung Abergele in Bewegung zu setzen.

Damals wurde auf der Hauptstrecke nach Holyhead nach dem Intervallsystem gearbeitet (obgleich Telegraphen gerade eingebaut wurden). Das Bahnhofspersonal von Abergele konnte daher nicht wissen, welches Drama sich in Llanddulas abspielte. Der Güterzug war, wie vorgeschrieben, 20 Minuten vor dem Expreß abgefahren, so daß man letzterem 'freie Fahrt' signalisierte.

Die Handbremse im Dienstwagen konnte die abgekoppelten Waggons nicht aufhalten, die immer mehr an Fahrt gewannen, als der Irish Mail gerade Abergele passiert hatte und im Begriff war, die Steigung nach Llanddulas zu nehmen. Der Zug befand sich in einer Kurve in einem Bergeinschnitt, als Lokführer und Heizer plötzlich die abgekoppelten Waggons auf sich zu rasen sahen. Für irgendwelche Gegenmaßnahmen zur Milderung der Katastrophe blieb weder Zeit noch Gelegenheit.

**EMPFEHLUNGEN**

Im Ergebnis der Abergele-Katastrophe wurde der absolute Block flächendeckend übernommen. Im Idealfall wäre dies das Bindeglied zwischen menschlichem Versagen und fehlerfreien Betriebsabläufen.

***Gegenüberliegende Seite:** Die Brandkatastrophe bei Abergele aus der Sicht eines Zeichners nach dem Zusammenstoß zwischen dem Irish Mail-Expreß und abgekoppelten Waggons mit Paraffinfässern.*

Der Lokführer sprang wenige Sekunden vor dem Zusammenstoß ab, doch für den Heizer war es zu spät. Es entstand ohrenbetäubender Lärm, als die Waggons beim Zusammenstoß mit der nachfolgenden Lokomotive zerrissen wurden. Doch das Schlimmste kam erst noch. Die Fässer mit nahezu 8 Tonnen Paraffin wurden aus den Waggons geschleudert und beim Aufprall auf die Lokomotive, den Kohlewagen und die ersten Wagen zerschmettert. Die Lokomotive und die ersten vier Wagen fingen sofort Feuer, als glühende Kohle, die beim Zusammenstoß aus der Heizung geschleudert wurde, das Paraffin entzündete. Keiner der Reisenden in diesen ersten vier Wagen überlebte: 32 Passagiere und der Heizer wurden Opfer der Flammen. Im Hinblick auf die Todeszahlen war dies der bis dahin verheerendste Unfall, dem jedoch schlimmere folgen sollten.

Zwar gab man dem Bahnhofsvorsteher von Llanddulas die Schuld wegen Mißachtung der Vorschriften, aber die London & North Western Railway übernahm einen Teil der Verantwortung, da ihre Routineabläufe nicht den Anforderungen entsprachen und sie die Rangieranlagen von Llysfaen ohne die Prüfung und Genehmigung der zuständigen Behörde betrieb. In den folgenden zehn Jahren wurden die Motorbremsen entwickelt. Bei dem genannten Unglück fand man kurz nach der Katastrophe Gußbruchstücke, die zur Bremsanlage des Dienstwagens gehörten, auf den Rangiergleisen von Llysfaen. Sie war gebrochen, weil die Waggons mit der Holzladung zu stark angestoßen worden waren, so daß die Wagen beim Rückwärtsrollen auf keinerlei Widerstand stießen.

## Das Unglück von Tamworth, 1870

**Die 70er Jahre des 19. Jh. waren eine schwarze Zeit für die Eisenbahn.** Die zahlreichen Zusammenstöße machten die Mängel der bisherigen Betriebsabläufe und zugleich die Notwendigkeit deutlich, den absoluten Block stärker durchzusetzen, Signale und Weichen zu verriegeln und leistungsfähigere Bremsen zu entwickeln. Diese und andere Sicherheitsmaßnahmen wurden allerdings häufig erst ergriffen, nachdem ein Unfall die Mängel schmerzlich vor Augen geführt hatte.

Am frühen Morgen jenes 4. September 1870 in Tamworth war der Irish Mail-Expreß wiederholt in einen Unfall verwickelt. Diesmal war der Zug auf der Londoner Verbindung eingesetzt. Tamworth, auf der Trent Valley-Strecke zwischen Rugby und Stafford gelegen, besaß vier Gleise, von denen die äußeren als Wendeschleifen für die mittleren Hauptgleise fungierten und von den Bahnsteigen wegführten. Der Streckenbetrieb verlief nach dem Intervallsystem, Telegraphen gab es nicht. Im Weichenstellwerk für die Gleisschleifen waren die Stellglieder der Einfahrsignale mit dem Weichensteller verbunden. Allerdings waren die Warnsignale außerhalb der Station nicht verriegelt und standen auf 'freie Fahrt'. Tatsächlich waren die Weichen und das Einfahrsignal so gestellt, daß der Zug auf die Gleisschleife geleitet werden mußte, da der Signalwärter die Ankunft eines langsamen Güterzuges erwartete. Ohne Telegraph mußte er stets davon ausgehen, daß die Züge nach Fahrplan verkehrten. Zu seinem Entsetzen erkannte er beim Blick in die Dunkelheit den mit hoher Geschwindigkeit herannahenden Irish Mail-Expreß.

Dessen Lokführer mußte das 'freie Fahrt'-Signal für die Wendeschleife gesehen haben, aber da die anderen Signale ebenfalls 'freie Fahrt' anzeigten, ging er von einer ungehinderten Durchfahrt auf dem Hauptgleis aus. Der Zug besaß eine patentierte mechanische Bremse, die von den Zugbegleitern betätigt werden mußte. Durch die Richtungsänderung der Antriebsräder der Lokomotive verlangsamte sich das Tempo des Zuges, als der durch die Gleisschleife donnerte. Allerdings kam er dort nicht zum Stillstand, durchbrach die Puffer und landete am Ufer des Flusses Tame, in den die Lokomotive, ein Postwagen und ein Personenwagen stürzten. Überraschenderweise waren die Schäden nicht allzu hoch: Außer der Lokomotivbesatzung und einem Passagier überlebten alle. Wieder einmal wurden das Fehlen eines wirksamen Verriegelungssystems und des absoluten Blocks als Ursachen festgestellt.

## Die Entgleisung von Wigan, 1873

**Drei Jahre nach dem Unfall von Tamworth hatte die London & North Western Railway eine Reihe von Neuerungen eingeführt.** Ordnungsgemäße Signaltechnik für den absoluten Block und eine wirksame Verriegelung waren inzwischen zur Norm auf den Hauptstrecken geworden. Im Bahnhof von Wigan an der Westküste auf der Hauptstrecke zwischen Crewe und Preston waren Signale und Weichen verriegelt; täglich fuhren viele Eilzüge ohne Halt mit 65 km/h oder gar 80 km/h durch.

Bereits seit den Anfängen der Eisenbahn waren spitz befahrene Weichen (für auseinanderlaufende Fahrtrichtungen) gefürchtet, weil die Weichenzungen von nichtverriegelten Weichen eventuell falsch gestellt sein und den Zug gefährden konnten. So bestand die Möglichkeit, einen Zug irrtümlich auf das Gleis eines anderen zu leiten. Aus diesem Grunde waren Rangiergleise in der Regel über stumpf befahrene (d.h. konvergierende) Weichen mit den Hauptgleisen verbunden, so daß Güterzüge, welche auf die Rangiergleise wollten, normalerweise diese Weichen überfahren, anhalten und dann rückwärts wieder einfahren mußten. Aber an Knotenpunkten und in Bahnhöfen, wo sich die Gleise auf verschiedene Bahnsteige verzweigten, waren spitz befahrene Weichen unvermeidlich.

***Gegenüberliegende Seite: Die Überreste eines Sonderzuges aus London Euston in Richtung schottisches Hochland nach dem Entgleisen mehrerer Wagen an den Weichen im Bahnhof Wigan 1873.***

WAITING ROOM

***Rechts:* *Der Zusammenstoß bei Armagh 1889 ereignete sich auf einem hohen Bahndamm, so daß Trümmer und Personen aus den beschädigten Wagen die Böschung hinabstürzten.***

In Wigan gab es solche Weichen, wo die nördliche Linie in den Bahnhof mündete, so daß zwei auseinanderlaufende Gleise einen Mittelbahnsteig umschlossen. Der Richtungsanzeiger war mit den Signalen gekoppelt, um die Gefahren zu minimieren. Am frühen Morgen des 2. August 1873 fuhr ein Sonderzug mit 25 Wagen von London nach Schottland. Fahrgäste waren Grundbesitzer, deren Angehörige und Bedienstete, die wie jedes Jahr dem schottischen Hochland und den Mooren einen Besuch abstatten wollten. Viele der Familien reisten im eigenen Salonwagen. In Wigan entgleisten der 16. Wagen beim Passieren der genannten Weichen teilweise und der nachfolgende Gepäckwagen vollständig. Erstaunlicherweise hielt ihre Kupplung mit denen der voranfahrenden Wagen. Sie holperten über die Schwellen und den Schotter und sprangen beim Überfahren der Weichen am anderen Ende des Bahnsteigs sogar wieder in die Gleise. Die nachfolgenden Wagen hatten weitaus weniger Glück. Es boten sich chaotische Szenen, als einige Wagen auf den Bahnsteig sprangen und einen Teil des Bahnhofsdaches zerstörten. 13 Fahrgäste verloren ihr Leben, 30 wurden verletzt.
Die genaue Ursache konnte nie genau ermittelt werden, aber eine Möglichkeit wäre, daß die Signalzungen trotz der Verriegelung des Bedienhebels im Stellwerk umschalteten. Ebenso gut könnte es sein, daß die vier- und sechsrädrigen Wagen die Zungen beim Passieren der Weichen eventuell seitlich wegdrückten. Ganz gleich, wie die Antwort lautet, das Risiko von Weichenzungen, die bei Überfahrt betätigt werden, offenbarte sich auf tragische Art. Im Ergebnis des Zwischenfalls wurden Zungenriegel entwickelt. Dabei handelte es sich um einen Bolzen, der von einem zusätzlichen Hebel im Stellwerk bewegt und mit den Signalen verriegelt wurde; er hielt die Weichen in der vorgeschriebenen Position. Mit den Zungen verbundene Detektoren boten doppelte Sicherheit, da sie verhinderten, daß sich die Signaldrähte bewegten, wenn die Zungen nicht ordnungsgemäß gestellt waren. Aber sogar diese Anlagen funktionierten nicht immer zuverlässig, wie der Zwischenfall in Lichfield 1946 (siehe S. 66) zeigt.

## Der Zusammenstoß von Armagh, 1889

**Für den 12. Juni 1889, 10.00 Uhr, hatte die Sonntagsschule einen Ausflug von Armagh nach Warrenpoint an der Ostküste Irlands angesetzt.** Die Querverbindung zwischen den beiden Städten wies streckenweise, vor allem im Abschnitt der Mourne Mountains, ein großes Gefälle auf. Besonders steil sind die ersten 5 km nach dem Ortsausgang von Armagh. Bei dem Ausflug wurde mit einer hohen Teilnehmerzahl gerechnet, so daß im letzten Augenblick noch zwei Wagen angehängt wurden. Die insgesamt 15 Wagen hatten allesamt sechs Räder, obwohl nur eine kleine Lokomotive (2-4-0) eingesetzt wurde. Der Zug hatte eine einfache Vakuumbremse, und die Türen wurden – gemäß den Vorschriften einiger Gesellschaften – verschlossen. Obwohl der Lokführer angesichts der immensen Last nicht mit der kleinen Lokomotive einverstanden war, startete er um 10.15 Uhr. Die Lok schaffte es tatsächlich nicht bis zum Gipfel und hielt wenige Meter unterhalb an. Der verantwortliche Zugbegleiter entschied, den Zug zu teilen; dabei sollte die Lokomotive die ersten fünf Wagen bis zur nächsten Station ziehen, auf einem Nebengleis abstellen und anschließend die restlichen Wagen holen. Im hinteren Bremswagen zog man die Handbremsen an und legte zusätzlich Steine unter die Räder. Die Kupplungen zwischen dem fünften und dem sechsten Wagen wurden, ebenso wie die Bremsleitungen, getrennt. Das bedeutete, die hinteren Wagen besaßen keinerlei Motorbremse. Die Lokomotive zog an, muß aber zunächst einige Zentimeter rückwärts gefahren sein, ehe die Kolben unter Dampf standen und sie antrieben. Doch der kleine Rückstoß reichte aus, um die Katastrophe auszulösen. Die Puffer des fünften Wagens rammten die des sechsten, und die zehn hinteren Wagen gerieten ins Rollen und zermalmten dabei die untergelegten Steine. Die Handbremse widerstand dem Gewicht von zehn voll besetzten Wagen auf einer abschüssigen Strecke nicht. Die Wagen kamen mehr und mehr in Fahrt und rasten gen Armagh.
Auf der Strecke hielt man sich noch immer an das Intervallsystem. Da die vorgeschriebene Zeit verstrichen war, ließ das Stationspersonal in Armagh einen Zug 10.35 Uhr abfahren. Was mit dem ersten Zug geschehen war, konnte man nicht ahnen. Als der Zug die Anhöhe heraufschnaufte, sah der Heizer plötzlich die abgekoppelten Wagen auf sich zu rasen. Der Lokführer konnte kaum noch bremsen, als die Wagen mit ca. 65 km/h auf seine Lokomotive prallten und den Dienstwagen voller stehender Fahrgäste sowie zwei weitere Wagen zertrümmerte.
Die Verluste waren unausweichlich hoch: 80 Tote, unter ihnen 22 Kinder, und mehr als 260 Verletzte. Im Hinblick auf die Todeszahlen war der Zusammenstoß von Armagh das bis dahin schlimmste Zugunglück auf den Britischen Inseln. Dieser makabre Rekord hielt sich 26 Jahre. Er veranlaßte das britische Parlament zur Verabschiedung des Gesetzes zur Regelung des Eisenbahnverkehrs (1889), in dem die Bahnaufsichtsbehörde ermächtigt wurde, die Übernahme des absoluten Blocks im Personenverkehr, die Verriegelung von Signalen und Weichen in den Stellwerken sowie die Ausrüstung von Personenzügen mit durchgehenden Automatikbremsen nachdrücklich einzuklagen. Dank dieser Maßnahmen verfügten die britischen Eisenbahnen bald über die höchsten Sicherheitsstandards.

**AUSWIRKUNGEN**

Nach dem Unfall von Armagh verabschiedete das britische Parlament 1889 das Eisenbahngesetz, was Reisen mit dem Zug sicherer machte.

34066

# KAPITEL 3

# VERSAGEN VON LOKFÜHRERN UND TECHNIKERN

Für den sicheren Zugverkehr muß der Signalwärter (oder Dispatcher) die Weichen stellen und die ungehinderte Befahrbarkeit der Strecke gewährleisten. Er hat seine Aufgaben ordnungsgemäß auszuführen und dem Lokführer die richtigen Zeichen zu geben. Dann ist es Sache des Zugführers, diese Signale richtig zu interpretieren und die Geschwindigkeit seines Zuges jederzeit den aktuellen Gegebenheiten der Fahrt anzupassen. Im folgenden betrachten wir einige Katastrophen, die auf Fehler von Lokführern durch Übersehen bzw. Mißachtung von Signalen oder auf Unterlassungen des Zugpersonals zurückzuführen waren.

***Links: Ein vom Lokführer übersehenes Warnsignal war die Ursache des Unglücks von Lewisham/London 1957, dessen Ausmaß sich erhöhte, als der Kohlewagen einen Brückenpfeiler beschädigte und die massive Balkenbrücke zum Einsturz brachte, die ihrerseits die darunter befindlichen Wagen zermalmte.***

## Der Zusammenstoß von Kentwood, Louisiana/USA, 1903

**Trotz der Entwicklung des Telegraphen um 1840 und seiner Verwendung im Eisenbahnverkehr im folgenden Jahrzehnt** wurde er in den USA, und zwar auch auf eingleisigen Strecken, nur zögernd eingesetzt. Die Bahnverantwortlichen wollten kein Geld für technische Neuerungen ausgeben. Auf zweigleisigen Strecken, auf denen ein Zug dem anderen in gleicher Richtung folgte, und sogar auf eingleisigen Abschnitten arbeitete man bis zum Einbau des Telegraphen nach dem Intervallprinzip. Die USA hielt sich dieses System weitaus länger als in Großbritannien. Blieb ein Zug jedoch auf der Strecke liegen, weil er z.B. nicht genug Dampf hatte oder defekt war, mußte jemand vom Zugpersonal – im allgemeinen der Schaffner oder der Bremser – 1,6 km zurücklaufen, um die Sicherheit des stehenden Zuges durch ein Gefahrsignal zu gewährleisten. Dazu wurden ein rote Flagge oder eine Lampe oder beide Arme (so in Großbritannien) über dem Kopf geschwenkt, Signalzünder auf die Gleise gelegt oder Leuchtkugeln gezündet.

**Der Postzug entkam der Katastrophe um Haaresbreite. Am letzten Wagen wurde die Farbe abgeschürft, und einige Trümmer flogen bis in den Dienstwagen.**

Beim Intervallsystem konnte es durchaus vorkommen, daß die Abstände zwischen den Zügen sehr knapp wurden, so daß ein haltender Zug unbedingt auf schnellstem Wege gesichert werden mußte. In Kentwood an der Illinois Central Railroad versäumte es das Personal eines haltenden Zuges am 14. November 1903 jedoch, zurückzulaufen und den Zug zu sichern. Der nachfolgende Zug fuhr auf, wobei 32 Fahrgäste getötet wurden.

## Der Zusammenstoß von Ais Gill, 1913

**Die Hauptverbindung der Midland-Bahn zwischen Leeds und Carlisle (Nordengland) verläuft durch die Berge der Pennines** bis auf eine Höhe von 335 m über dem Meer. Sie stellt von jeher eine Herausforderung für jeden Lokführer dar. Häufig ist die Strecke nebel- oder wolkenverhangen, wird von schweren Regengüssen und Stürmen heimgesucht. Bei Temperaturstürzen kann es leicht zu Hagel- und Schneefällen kommen. Die Midland Railway setzte anstelle großer in der Regel kleine Lokomotiven (4-4-0) ein, wobei jedoch Züge mit extremer Last mit zwei Loks bestückt wurden. Dies geschah insbesondere auf der gebirgigen Strecke zwischen Settle und Carlisle durch die Pennines.

Am Morgen des 2. September 1913 sollten zwei Nachtzüge aus Schottland – um 01.35 Uhr (aus Glasgow) und um 01.49 Uhr (aus Inverness) – von Carlisle aus in Richtung London St. Pancras abfahren. Der erste Zug mit zehn Wagen, davon drei schwere Schlafwagen, überschritt das für eine 4-4-0 Lok zulässige Gesamtgewicht um 13 Tonnen. Trotzdem wurde keine zusätzliche Lok bereitgestellt. Die vorhandene wurde bis an die Leistungsgrenzen belastet.

**Oben: Die Überreste einiger Wagen nach dem Zusammenstoß von Ais Gill 1913.**

Dazu tauchte als weiteres Problem auf, daß die Kohle Klumpen und Staub enthielt und kein ordentliches Feuer gab. Obendrein fielen in dieser Nacht Niederschläge, und es wehte ein heftiger Wind.
Der Zug um 01.35 Uhr fuhr los, verlor jedoch auf der 77 km langen Steigung nach Ais Gill an Dampf, wurde langsamer und kam schließlich etwa 5 km nach der Ortschaft Mallerstang kurz vor dem Gipfel zum Stillstand. Der geringe Dampfdruck reichte nicht mehr, um das Vakuum der Bremsanlage aufrechtzuerhalten. Die Maschinisten versuchten, das Feuer zu schüren, um den Dampfdruck wieder zu erhöhen. Dabei gingen sie davon aus, daß dies in wenigen Minuten erledigt sei; die Zugbegleiter liefen also nicht sofort los, um den Zug mit Lampen und Signalzündern zu sichern.
Der zweite Zug kam etwas besser vorwärts. Seine Lokomotive wurde allerdings nicht mechanisch geschmiert, so daß der Lokführer das Fahrerhaus verlassen und auf den Laufsteg oberhalb der Räder klettern mußte, um die Ölbehälter aufzufüllen. Während er dies tat und sich dabei wegen des Sturms und Regens am Geländer festhielt, fuhr der Zug in den Birkett Tunnel ca. 1,6 km vor Mallerstang ein. Beim Verlassen des Tunnels erblickte der Lokführer im Augenwinkel das Vorsignal von Mallerstang, das seiner Meinung nach 'freie Fahrt' anzeigte. Allerdings standen sämtliche Signale von Mallerstang auf 'Gefahr' für den 01.49 Uhr abgefahrenen Zug, weil der erste Zug noch immer den Abschnitt bei Ais Gill blockierte. Bei seiner Rückkehr in den Fahrerstand bemerkte der Lokführer den niedrigen Wasserstand des Kessels, da sein Heizer Probleme mit der Wasserzufuhr hatte.
Der Zug 01.49 Uhr setzte unter Mißachtung der Gefahrsignale von Mallerstang seine Fahrt in Richtung Ais Gill fort. Die Zugbegleiter des 01.35 Uhr gestarteten Zuges hörten den nahenden Zug und rannten in der Dunkelheit zurück, um ihn mit roten Lampen und Signalzündern aufzuhalten. Es war jedoch zu spät. Die Lokomotive des zweiten Zuges prallte gegen die letzten Wagen des ersten Zuges. Entweichendes Gas aus der Beleuchtungsanlage der Wagen entzündete sich durch glühende Kohle aus dem Lokomotivfeuer. Das folgende Inferno forderte das Leben von 14 Fahrgästen.
Die Katastrophe von Ais Gill war das zweite große Unglück auf einem Abschnitt von 3 km innerhalb von drei Jahren und bewirkte zahlreiche Verbesserungsvorschläge, wie die Aufstellung von Signalzündern mittels Hebeln in Stellwerken, den Abschuß farbiger Leuchtkugeln im Notfall durch die Zugbegleiter (was nie realisiert wurde) und weiterführende Arbeiten an einem automatischen Zugüberwachungssystem, mit dem sich die Position von Vor(warn)signalen akustisch in den Fahrerstand übertragen ließ. Dieses System – heute als automatisches Warnsystem (AWS) bekannt – wurde bereits von der Great Western Railway eingeführt. Ungeachtet aller Vorschläge mußten sich das Personal des 01.35 Uhr abgefahrenen Zuges wegen mangelnder Sicherung und der Lokführer wegen Unachtsamkeit bei der Signalerkennung verantworten.

## Der Zusammenstoß von Norton Fitzwarren, 1940

**Das AWS erwies sich jedoch nur dann als sicher, wenn der Lokführer ein Warnsignal erkannte und anschließend auch bremste.** Die Instrumente in der Lokomotive unterschieden akustisch, wie ein Vorsignal gestellt war. Bei der Great Western ertönte für 'Achtung' eine Hupe und für 'freie Fahrt' eine Klingel. Die Hupe wurde ausgelöst, wenn die Lokomotive einen Gleiskontakt vor oder neben einem auf 'Gefahr' stehenden Vorsignal auslöste; dabei wurden automatisch die Bremsen akti-

viert, sofern der Fahrer den Empfang der Warnung nicht mittels eines Rückstellhebels (dem Vorläufer der heutigen Drucktasten) bestätigte. Er konnte dann nach eigenem Ermessen bremsen.

Am 4. November 1940 bediente der Lokführer eines vom Londoner Bahnhof Paddington kommenden Nachtzuges vor der Einfahrt in Norton Fitzwarren, 3 km westlich von Taunton auf der Westenglandroute der GWR, den Aussteller für das AWS. Sein Zug befand sich auf dem landwärtigen Entlastungsgleis. Das zugehörige Hauptgleis, dessen Signale freie Fahrt für einen Postzug anzeigten, lag zu seiner Rechten. Gleich hinter den Bahnsteigen liefen die beiden Gleise zusammen. Dort leitete eine Schutzweiche das Entlastungsgleis auf ein Abstellgleis, an das sich weicher Untergrund anschloß. Die Signale am Entlastungsgleis standen auf 'Gefahr', aber der Lokführer nahm irrtümlicherweise an, die 'frei'-Signale nebenan seien für ihn gedacht. Er erkannte seinen Fehler erst, als er langsam rechts vom Postzug überholt wurde. Die beiden Züge passierten den Bahnhof zeitgleich, der Postzug mit voller Geschwindigkeit, der Personenzug nun plötzlich scharf bremsend. Allerdings war das Gleis nicht lang genug, da er durch die Schutzweiche auf das Abstellgleis geriet. Die große Lokomotive blieb in dem nachgebenden Erdreich stecken. Dahinter türmten sich sechs Wagen und blockierten die Gleise in ihrer gesamten Länge. Da man sich mitten im Krieg befand, waren zahlreiche Militärangehörige an Bord des Zuges. Der Schaden war immens: Von den schätzungsweise 900 Fahrgästen wurden 27 getötet und 75 verletzt.

Der Postzug entkam der Katastrophe buchstäblich um Haaresbreite. Die Farbe am letzten Wagen wurde abgeschürft, und einige Trümmerteile flogen in den Dienstwagen, als die Wagen des Personenzuges sich unmittelbar dahinter auf den Gleisen verkeilten. Schuld hatte der Lokführer des Personenzuges.

***Oben:* *Trümmer des Unglücks von Ais Gill verwüsteten die Strecke noch, als die Gleise bereits repariert waren und die Züge wieder rollten.***

**EMPFEHLUNGEN**

Die Untersuchungskommission des Unglücks von Stratford riet zur Bereitstellung zusätzlicher Signale und Fahrsperren, wenn die 'Halt und Weiter'-Vorschriften wegen eingeschränkter Sicht nur bedingt befolgt werden konnten.

# Die Zusammenstöße von Richmond Hill/US-Bundesstaat New York, 1950, und Stratford/London, 1953

**Automatische Signale wurden zuerst unter anderem auf Vorort- und U-Bahnstrecken eingesetzt, wo in der Regel elektrische Triebwagenzüge** im Abstand von wenigen Minuten verkehrten. Es handelte sich zumeist um verschiedenfarbige Lichtsignale, die durch die Züge selbst geregelt wurden, um die Strecke zu blockieren bzw. freizugeben. Somit erübrigten sich Signalwärter, ausgenommen an besetzten Knotenpunkten. Erlaubte ein Signal aufgrund einer Störung – im Unterschied zur Warnung vor vorausfahrenden Zügen – keine Weiterfahrt, mußten die Züge mit anderen Mitteln dirigiert werden, um den gesamten Betrieb nicht völlig zusammenbrechen zu lassen. Eine einfache Lösung waren Haftrelais, die das Signal 'Halt und Weiter' auf vielen U-Bahnlinien regelten: Mußte ein Zug an einem roten Signal anhalten, durfte er nach einer Minute mit reduzierter Geschwindigkeit weiterfahren, so daß er jederzeit wegen eines vor ihm fahrenden Zuges oder wegen eines Hindernisses stoppen konnte. Gegenstände aus Metall, die von Randalierern auf die Gleise geworfen wurden, sowie Gleisbrüche können über Gleisstromkreise entdeckt werden, die vom Abschnittssignal auf 'Gefahr' gestellt werden. In manchen Fällen, wenn Fahrsperren in die Strecke eingebaut sind (die über einen Schalthebel im Zug die Bremsen aktivieren, um zu verhindern, daß ein Zug über ein Gefahrsignal hinausfährt), muß der Fahrer erst den Auslöser zurückstellen, ehe er weiterfahren darf. Dies entbindet ihn nicht von seiner Pflicht, vorsichtig weiterzufahren und in Sichtweite einer Gefahr anzuhalten. Und genau darin liegt die Schwachstelle des Systems: Zu viele Unfälle ereigneten sich aufgrund überhöhter Geschwindigkeit.

Auf der Long Island Line (US-Bundesstaat New York) hielt ein elektrischer Triebwagenzug mit 12 Wagen in der Dunkelheit des 22. November 1950 in der Nähe von Richmond Hill. Der Fahrer hatte wegen eines Signals abgebremst und konnte die Bremsen nicht wieder lösen. Das Signal hinter dem Zug zeigte 'Halt und Weiter' für den Nachfolgenden an, so daß theoretisch für den Schaffner und seinen Assistenten keine Notwendigkeit bestand, den gesamten Bremsweg zurückzulaufen und den Zug zu sichern. Laut Vorschrift durfte ein Zug nach dem Signal 'Halt und Weiter' bis zum nächsten 'freie Fahrt' nicht schneller als 24 km/h fahren. Im konkreten Fall glaubte der Schaffner des haltenden Zuges, es sei Zeit zur Abfahrt, und sprang auf. In diesem Moment sah er die Scheinwerfer des mit 56 km/h heranbrausenden Folgezuges. Er hielt diesem sofort die rote Lampe entgegen, aber an einen rechtzeitigen Stillstand war nicht mehr zu denken. Der Zusammenstoß, bei dem fast 80 Menschen starben und 352 verletzt wurden, ging die Geschichte des Zugverkehrs als einer der schlimmste Zwischenfälle nach Einführung der 'Halt und Weiter'-Vorschrift ein. Der Fahrer des zweiten Zuges kam ebenfalls ums Leben, so daß nie ermittelt werden konnte, warum er zu schnell gefahren war.

Auf der Central Line der Londoner U-Bahn beschädigte eine herabhängende Kette am 8. April 1953 in Stratford den gleisseitigen Auslösehebel eines Zuges. Das damit gekoppelte Signal, ebenso wie das nächste am Bahnhof Stratford, blieben also auf 'Gefahr' gestellt. Nach dem oberirdischen Haltepunkt in Stratford mündete die Central Line in Richtung Leytonstone in einen unterirdischen Tunnel, so daß sich die Fahrer auf die Dunkelheit umstellen mußten. In Stratford verfuhr man daher nach dem Prinzip 'Halt und Weiter', wobei die Züge eine Minute am roten Signal verharren mußten, ehe sie die Fahrt langsam fortsetzen durften, was durch eine Fahrsperre geregelt wurde. Der Fahrer mußte erst den Auslösehebel zurückstellen und konnte dann langsam in den Tunnel einfahren. Am nächsten Signal wiederholte sich dieser Vorgang.

Eine Reihe von Zügen hatte die Gefahrensignale mit dieser Prozedur bereits problemlos passiert. Der 11. Zug hatte am Signal im Tunnel angehalten und wollte es gerade zurückstellen, als der 12. Zug, der das Signal in Stratford passiert hatte, dicht hinter ihm hielt. Der vordere Zug führte die Umschaltung aus und fuhr langsam weiter. Der folgende Zug wollte sich gerade dem Signal nähern, als der 13. Zug die Einfahrt in den Tunnel herunterkam und mit Wucht auf den Vorderzug prallte. Dabei wurden beide

***Rechts:** Ein Feuerwehrmann untersucht die Trümmer eines Zuges der Central Line nach dem Zusammenstoß in der Londoner U-Bahn bei Stratford 1953.*

***Gegenüberliegende Seite:** Das Ende des erstes Wagens des elektrischen Zuges Bury–Manchester landet nach dem Sturz vom Irk Valley-Viadukt infolge eines Zusammenstoßes mit einem Dampfzug im August 1953 im Fluß.*

stark beschädigt, 12 Fahrgäste getötet und zahlreiche andere verletzt.
Der Fahrer des 13. Zuges hatte sich nicht an das geforderte langsame Tempo gehalten.

## Der Zusammenstoß am Knotenpunkt Irk Valley, Manchester, 1953

**Manchmal ist ein Unglück auf das Versagen mehrerer Menschen zurückzuführen.** Bei dieser Katastrophe überfuhr zwar der Lokführer ein auf 'Gefahr' stehendes Signal, aber hätte ein Stellwärter zwischen den Zügen für den richtigen Abstand gesorgt, wäre es vielleicht nie zu diesem Unfall gekommen.
1953 befand sich der Knotenpunkt Irk Valley auf einem Viadukt über dem Fluß Irk nördlich von Manchester an der Strecke nach Bury. Ein Abzweig führte nach Osten auf andere Linien und die Strecke nach Bacup. Mittlerweile hat sich das Bild gewandelt: Den Abzweig gibt es nicht mehr, und die Strecke nach Bury wurde zur Hauptader des Nahverkehrs von Manchester.
Am 15. August 1953 gewährte ein Signalwärter am Knotenpunkt Irk Valley einem elektrischen Zug Bury–Manchester um 07.29 Uhr Einfahrt nach einem entsprechenden Signal aus Queens Road, dem nächsten Stellwerk in Richtung Bury. Vier Minuten später bestätigte er dem für 07.36 Uhr angekündigten Vorortzug von Manchester nach Bacup die Einfahrt, der das rechte Gleis des Knotenpunkts benutzen sollte. Auf allen Richtungen war der absolute Block aktiviert, aber sämtliche Einfahrtsignale ('Stop') befanden sich sehr nahe am Knotenpunkt. Ehe ein Signalwärter bei diesem System einen Zug einfahren lassen konnte, mußte normalerweise die Strecke auf einer Länge von 400 m vor dem Einfahrtsignal frei sein, für den Fall, daß ein Lokführer den Bremsweg falsch einschätzte.
Die Weichen auf der Manchester-Strecke waren in Richtung Bury gestellt. So weit, so gut. Allerdings traf der elektrische Zug nicht sofort ein, so daß der Signalwärter von Irk Valley die Weichen für den anderen Zug stellte, damit dieser auf das rechte Gleis gelangen konnte. Die Umleitung lag nur wenige Meter hinter dem Signal für die Bury-Strecke und damit weit unter dem vorgeschriebenen Zusatzabstand von 400 m. Der Zug beschleunigte, um auf das rechte Gleis zu kommen, doch nahezu zeitgleich tauchte plötzlich der elektrische Zug auf dem Bury-Gleis auf. Er stieß links mit der Dampflok zusammen und wurde dann nach rechts geschleudert. Der erste Wagen durchbrach das Geländer und stürzte 12 m auf die darunterliegende Flußböschung. Zehn Menschen fanden den Tod, 22 wurden schwer verletzt.

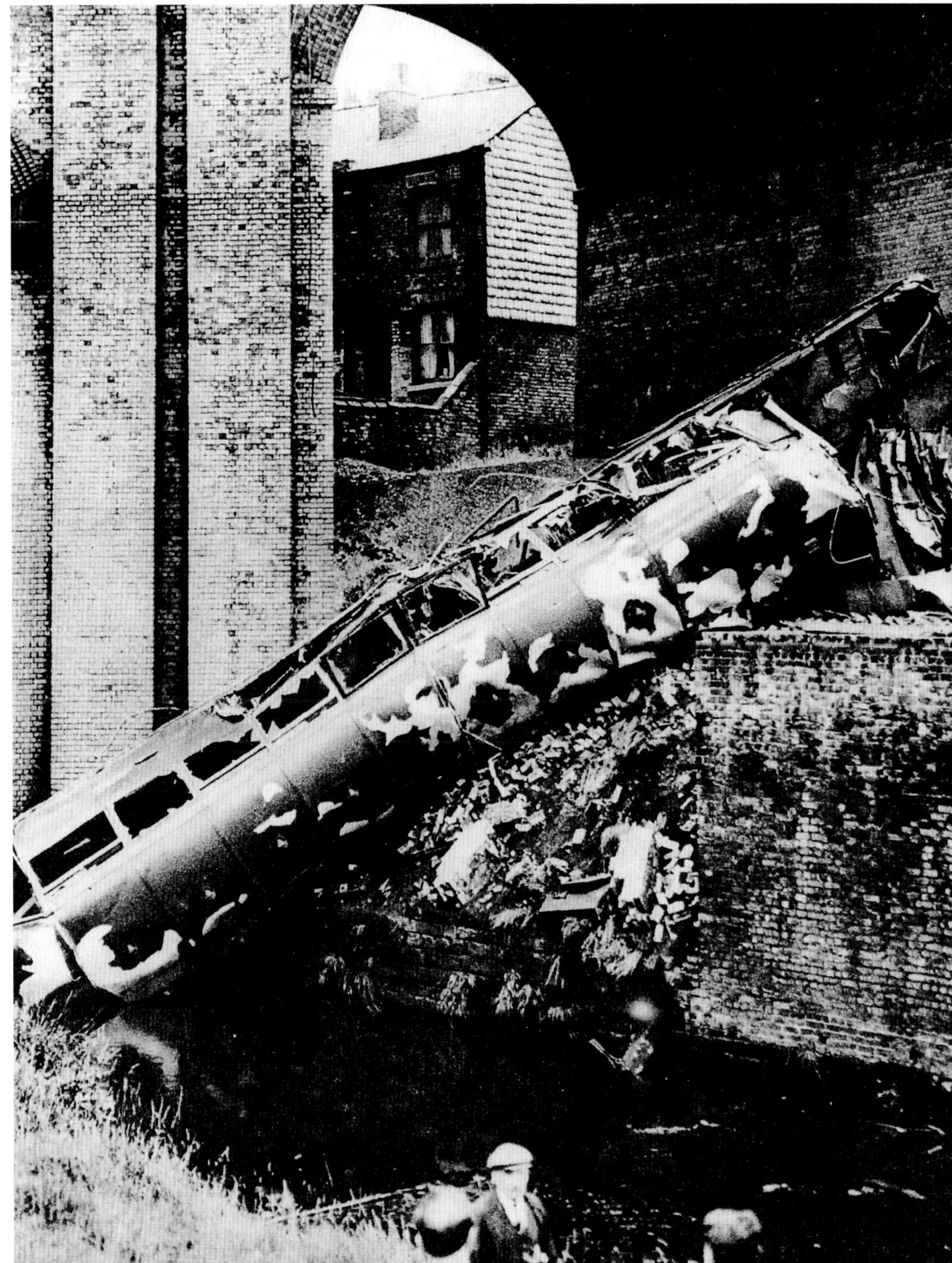

**EMPFEHLUNGEN**

Die wichtigste Innovation nach dem Unglück von St. Johns war der Ausbau des automatischen Warnsystems (AWS).

# Der Zusammenstoß von St. Johns, London, 1957

**Seit Mitte der 20er Jahre hatte die Southern Railway zahlreiche Neuerungen eingeführt.** Dazu gehörten farbige Lichtsignale (als reines Lichtsystem) und Gleisstromkreise, die einige Signale automatisch regelten und bei anderen die Entscheidungen der Signalwärter kontrollierten. Solche Maßnahmen legten den Grundstein für die Automatisierung, die jeden Irrtum seitens der Signalwärter ausschalten sollte. Aber bei der Southern Railway gab es noch keine Automatisierung, die den Lokführern die Arbeit abnahm: Sie mußten weiterhin auf Signale achten und diese befolgen. Die Hauptstrecke vom Londoner Bahnhof Charing Cross nach Dover besaß auf den ersten Kilometern farbige Lichtsignale, die selbst bei Nebel sichtbar blieben und die Dämmerung durchdrangen.

Am Abend des 4. Dezember 1957 kam im Londoner Südosten dichter Nebel auf, so daß sich viele Züge verspäteten. In der Mehrzahl fuhren ab Charing Cross elektrische Triebwagen, aber auf den Hauptstrecken nach Dover und Ramsgate verkehrten noch Dampfloks. Der Zug um 16.56 Uhr von Charing Cross nach Ramsgate fuhr 45 Minuten später ab. Es herrschte dichter Nebel, der auch die Stationen New Cross und St. Johns einhüllte. Normalerweise konnte der Lokführer die Signale, von denen einige rechts entlang der Strecke standen, sehen. An diesem Abend jedoch übersah er zwei Warnsignale wegen des Nebels bei der Anfahrt auf St. Johns.

Plötzlich gewahrte der Heizer das rote Signal am anderen Ende des Bahnhofs. Er rief dem Lokführer zu, er solle stoppen, aber dazu war es bereits zu spät. Nur 126 m vor ihnen gewahrten sie einen elektrischen Zug, der auf 'freie Fahrt' wartete. Die schwere Lok „Battle of Britain" (4-6-2) rammte jenen Zug so schwer, das zwei Wagen vollkommen ineinandergeschoben wurden. Das

*Unten: Erschreckende Szenen unter der eingestürzten Balkenbrücke, welche die Wagen des Zuges nach Ramsgate beim Zusammenstoß in St. Johns/ London 1957 unter sich begrub.*

Schlimmste kam jedoch erst: Der Kohlewagen der Dampflok scherte nach links aus und drückte den Stahlpfeiler einer massiven 350 Tonnen schweren Balkenbrücke weg, über die weitere Bahnlinien führten. Die Brücke stürzte auf den Zug und begrub zwei Wagen des Ramsgate-Zuges unter sich. Insgesamt wurden 90 Menschen getötet und 109 schwer verletzt – und alles, weil ein Lokführer zwei Warnsignale übersehen hatte.

## Die Zusammenstöße von Harmelen, 1962, und Schiedam, 1976

**Welche Gefahren damit verbunden sind, wenn auf einer noch so kurzen Strecke – die normalerweise nur in einer Richtung befahren wird –** Züge aus beiden Richtungen auf einen Knotenpunkt zufahren, zeigt das Beispiel des Frontalzusammenstoßes auf der Linie Utrecht–Rotterdam (Niederlande). Auf einem kurzen Teilstück bei Harmelen nahe Woerden wechseln die Züge der Linie Rotterdam–Amsterdam von der nach Osten auf die nach Westen führende Strecke, um dann die Hauptverbindung zu verlassen. In den nebligen Morgenstunden des 8. Januar 1962 war ein elektrischer Triebwagenzug der Linie Rotterdam–Amsterdam mit sechs Wagen gerade auf den westlichen Abschnitt eingebogen, als der Expreß Utrecht–Rotterdam mit einer E-Lok das Vorsignal mit Warnanzeige übersah und erst beim Anblick des Haltesignals zu bremsen begann. Der Schnellzug hatte immer noch ein Tempo 100 km/h, als er frontal auf den Triebwagenzug stieß. In der verheerendsten Eisenbahnkatastrophe der Niederlande wurden drei Wagen des Triebwagenzuges und sechs des Schnellzuges völlig zerstört, 93 Menschen fanden den Tod, Hunderte wurden verletzt.

Das Unglück löste so große Bestürzung aus, daß die niederländischen Behörden ein automatisches Warnsystem zu entwickeln begannen. Dieses System bildete die Grundlage der heutigen automatischen Zugsicherung. Trotzdem ereignete sich ganze 14 Jahre später ein ähnlicher Unfall in einem Vorort von Rotterdam. Der Rhein-Expreß von Hoek van Holland wurde bei Schiedam auf das linke Gleis geleitet, um einen haltenden Zug zu überholen. Auf beiden Gleisen war laut Signal mit Gegenverkehr zu rechnen. Ein entgegenkommender Triebwagenzug mißachtete ein Gefahrsignal und fuhr auf die nördliche Strecke Richtung Hoek van Holland. Dabei stieß er frontal mit dem Rhein-Expreß zusammen und zerstörte dabei insgesamt alle drei Züge. 24 Tote waren zu beklagen.

***Links:** Rettungsmannschaften bahnen sich ihren Weg durch die verkeilten Metalltrümmer der beiden bei Harmelen frontal zusammengestoßenen Züge.*

***Unten:** Die Folgen des Zusammenstoßes zwischen einem Lokomotivzug (rechts im Bild) und einem Triebwagenzug bei Schiedam. Nach diesem Unfall drängten die niederländischen Behörden auf die schnelle Entwicklung eines automatischen Systems zur Vermeidung des Fahrerversagens.*

# KAPITEL 4

# BEDIENUNGSFEHLER

Nach der Entwicklung von Stellwerken ab 1860 und der Einführung des Blockstreckensystems in Verbindung mit dem Telegraph verlief der Zugverkehr in weitaus geregelteren Bahnen mit präzisen Vorschriften und Dienstanweisungen für die Signalstellung und Zugbewegung. Obwohl die Anfänge der Signalautomatisierung, wie der Streckenblock mit Zugeinwirkung oder der Gleisstromkreis, bereits aus der Zeit um 1875 datieren, dauerte es aufgrund schleppender Entscheidungen seitens der Bahngesellschaften weitere 25 Jahre bis die Zuverlässigkeit dieser Technik und damit ihre durchgängige Anwendung gewährleistet waren. Viele Bahnbetreiber achteten eben stärker auf das Geld als auf die Sicherheit. Die meisten Stellwerke arbeiteten streng nach Vorschriften und Dienstanweisungen; automatische Zusatzeinrichtungen bildeten eher die Ausnahme.

*Links: Rettungsmannschaften beseitigen die Überreste des Zusammenstoßes von Winsford 1948, bei dem der Postzug aus Schottland, dessen Lokomotive hinter dem Wagen im Vordergrund sichtbar ist, auf einen wegen Notbremsung haltenden Zug auffuhr.*

**Der Militärtransport hatte keine Chance. Auf abschüssigem Gelände stieß er frontal mit einem Vorortzug zusammen. Dabei türmten sich viele der 21 Wagen zu einem riesigen Trümmerhaufen...**

## Quintinshill, 1915

**In Großbritannien gab es 1923 mehr als 100 Eisenbahngesellschaften, aus denen später vier große Unternehmen hervorgingen.** Manche Strecken waren in Abschnitte gegliedert, die jeweils von verschiedenen Gesellschaften betrieben wurden. Die Hauptlinie vom Londoner Bahnhof Euston nach Glasgow Central entlang der Westküste teilten sich die LNWR (London–Carlisle) und die Caledonian (Carlisle–Glasgow). 3 km hinter der Grenze zwischen England und Schottland stand auf schottischer Seite das einsame Stellwerk Quintinshill. Es gab keinen Bahnhof, sondern nur das zweispurige Hauptgleis, eingefaßt von je einem Rangiergleis nach Norden bzw. Süden. 1915, kurz nach Beginn des 1. Weltkrieges, wurden zahlreiche Sonderzüge eingesetzt, die Soldaten und Material zu den britischen Häfen brachten.

Am 22. Mai 1915 sollte ein Sonderzug Truppen von Larbert nach Liverpool transportieren. Schichtwechsel im Stellwerk war eigentlich 06.00 Uhr, aber die Frühschicht traf erst 06.30 Uhr ein. Der ablösende Signalwärter kam mit dem Personenzug von Gretna, der nächsten Station in südlicher Richtung. Damit der Zug den Fahrplan möglichst einhielt, wurde er an diesem Morgen den beiden verspäteten Nachtzügen aus London (mit Zielbahnhof Edinburgh bzw. Glasgow) vorausgeschickt. In Quintinshill sollte er das Hauptgleis verlassen. Wie es der Zufall wollte, wurde das Rangiergleis in Quintinshill wegen umfangreicher Transportbewegungen von einem Güterzug in Richtung Norden blockiert. Außerdem wurde das südwärtige Rangiergleis von einem leeren Kohlezug belegt, der später nach Carlisle weiterfahren sollte. Um die Nachtzüge vorbeizulassen, blieb dem Personenzug keine andere Wahl, als auf das andere Hauptgleis auszuweichen. Der Signalwärter der Frühschicht übernahm das Stellwerk und notierte die Zeiten aller Blockstreckensignale ab 06.00 Uhr, um seine Verspätung zu vertuschen. Im Stellwerk befanden sich weitere Personen, darunter die Begleiter der beiden Güterzüge und der Heizer des Personenzuges. Er bestätigte mit seiner Unterschrift, daß sein Zug auf dem Gegengleis stand. Damit handelte er gemäß der Vorschrift Nr. 55, die Signalwärter darauf aufmerksam machen sollte, daß ein Zug ein Gleis blockierte. Allerdings vergaß der Heizer zu kontrollieren, ob er zur Sicherheit Erinnerungszeichen am Signalhebel gesetzt hatte.

Da der Personenzug auf dem Gegengleis stand, hätte der Wärter ferner das nächste Stellwerk in Richtung Norden in Kirkpatrick

***Oben: Trauerzug für die Armeeangehörigen, die beim Zusammenstoß von Quintinshill 1915 ums Leben kamen.***

durch ein spezielles Klingelzeichen davor warnen müssen, weitere Züge durchzulassen. So gab Kirkpatrick jedoch dem Truppentransport freie Fahrt nach Quintinshill, was von der dortigen Frühschicht bestätigt wurde; sie bat zugleich die Station Gretna um freie Fahrt und stellte sämtliche Signale in Quintinshill frei, obwohl das Gleis unmittelbar vor dem Stellwerk durch den Personenzug blockiert wurde.

Der Truppentransport hatte keine Chance. Mit vollem Tempo fuhr er eine Anhöhe herab und stieß frontal gegen die Lokomotive des Personenzuges. Viele der 21 Wagen, zumeist alte Dreiachser mit Gasbeleuchtung, waren voller Soldaten und wurden durch den Zusammenstoß auf weniger als ein Viertel ihrer ursprünglichen Länge zusammengeschoben. Die Eisenbahner im Stellwerk starrten entsetzt auf die sich vor ihnen abspielende Tragödie. Dann bemerkten sie, daß die Signale für den ersten Nachtzug aus London, der sich mit vollem Tempo näherte und nur noch 400 m entfernt war, freie Fahrt zeigten. Zwar versuchten sie, ihn zu warnen, aber die beiden Lokomotiven des schweren Zuges rasten nahezu ohne zu bremsen in die Trümmer der ersten Katastrophe. Glut wurde aus der Heizung geschleudert, die mit dem Gas aus der geborstenen Lichtanlage der alten Wagen zum Inferno führte. Die gesamte Unglücksstelle fing Feuer, das erst nach 24 Stunden gelöscht werden konnte.

Angeblich hat der Unfall von Quintinshill 227 Tote und nahezu 200 Verletzte gefordert, wobei die genauen Zahlen nie ermittelt werden konnten, weil die Militärunterlagen ebenfalls ein Opfer der Flammen wurden. Die beiden Signalwärter befand man wegen Unachtsamkeit und Mißachtung von Vorschriften des Totschlags für schuldig und inhaftierte sie. Die Untersuchung verlief durch die Kriegsumstände relativ oberflächlich, denn eigentlich waren die Signalwärter nicht allein schuld – eine neue Technologie in Form von Gleisstromkreisen hätte das Unglück verhindern können, wenn die Betreiber das Geld dafür ausgegeben hätten. ...

## Der Zusammenstoß im Pariser Batignolles-Tunnel, 1921

**Die Hauptstrecke westlich des Pariser Bahnhofs St. Lazare wurde nicht nur von Fernzügen befahren,** sondern auch stark vom Vorortverkehr frequentiert. Über viele Jahre bildete ein ca. 1 km langer Tunnel in Batignolles unmittelbar hinter dem Bahnhof ein Nadelöhr. Der Tunnel bot nur einer begrenzten Anzahl von Gleisen Platz. Wie in Quintinshill zeigte sich auch hier, welche Gefahr eine Gasbeleuchtung im Unglücksfall darstellt. Am 5. Oktober 1921 hielt ein Personenzug nach Versailles im Tunnel. Die Signalwärter an beiden Enden des Tunnels mißachteten das Streckenblocksystem und ließen einen zweiten Zug passieren, der unwillkürlich auf den ersten auffuhr. Der Schaden wurde verschlimmert durch austretendes Gas, das sich entzündete. Offiziell kamen 28 Menschen ums Leben, aber da sich nicht mit Bestimmtheit sagen läßt, wieviele Fahrgäste die beiden Züge hatten, lag die tatsächliche Zahl sicher weitaus höher.

Die französischen Behörden begannen umgehend, die Gasbeleuchtungen der Züge durch elektrisches Licht zu ersetzen, aber erst nach einigen Jahren und weiteren Bränden wurde das Gas vollständig verbannt. In Großbritannien behielten Züge Gasbe-

***Links: Panik beim Unglück im Batignolles-Tunnel, als die Überlebenden des Zusammenstoßes vor dem anschließenden Brand fliehen.***

## AUSWIRKUNGEN

Der Batignolles-Tunnel wurde erweitert, damit weitere Gleise verlegt werden konnten. Die Signalwärter indes wurden verhaftet.

**Oben: Der Zusammenstoß von Battersea Park, ausgelöst durch einen Eingriff in die Sicherheitsvorrichtungen, zerstörte zwei Wagen eines elektrischen Vorortzuges.**

Der Leiter der Untersuchung stand vor einer schwierigen Aufgabe.

Das Stellwerk Park Street, das diesen Streckenabschnitt überwachte, besaß 179 Stellglieder und wurde von zwei Mann bedient. Das Signal für den ausfahrenden Zug wurde vom Stellglied Nr. 171 geregelt, das bei der Anzeige 'freie Fahrt' die Weichen auf Gleis C (mit Nr. 95) auf 'geradeaus' stellte. Neben Nr. 95 befand sich folgerichtig Nr. 96, mit der die Weichen für die Umleitung von B nach D bedient wurden. Als sich der ausfahrende Zug den Weichen näherte, stellte ein Signalwärter, gerade als der dritte Wagen passierte, den Hebel Nr. 171 zurück auf 'Gefahr'. Dem Lokführer zeigte das Signal also 'freie Fahrt' an. Der Signalwärter entriegelte die Hebel Nr. 95 und 96. Der zweite Signalwärter wollte schnellstens die Weichen für den einfahrenden Zug stellen. Er wollte Hebel 96 ziehen, um den einfahrenden Zug anzuhalten, bis der Zug nach Scarborough alle Weichen passiert hatte. In seiner Eile betätigte er aber versehentlich den Hebel Nr. 95. Zu diesem Zeitpunkt waren die Vorderräder der Lokomotive nur wenige Sekunden von der Fühlschiene entfernt, die eine Umstellung der Weichen verhindert hätte. Es war jedoch zu spät: Die Fühlschiene wurde ausgelöst und die Weiche entriegelt. Damit wurde der ausfahrende Zug von C auf B und damit direkt auf den entgegenkommenden Zug zugeleitet.

Beiden Signalwärtern warf man vor, die Vorschrift für die Rückstellung von Gefahrsignalen mißachtet zu haben. Allerdings hätte der Unfall vermieden werden können, wenn den Weichen ein Gleisstromkreis vorgeschaltet worden wäre.

## Der Zusammenstoß von Welwyn Garden City, 1935

**Umfangreiche Untersuchungen erforderte auch der Zusammenstoß von Schnellzügen in Welwyn Garden City** auf der Hauptstrecke vom Londoner Bahnhof King's Cross gen Norden in der Nacht des 15. Juni 1935. Das Stellwerk überwachte sechs Gleise, vier für die Hauptstrecke sowie je ein Nebengleis auf beiden Seiten. Es gab 16 Blockanzeiger mit den zugehörigen Klingeln. Drei Schnellzüge verließen London in kurzen Abständen: 22.45 Uhr nach Newcastle, 22.53 Uhr nach Newcastle und 22.58 Uhr nach Leeds.

Der 22.45 Uhr Zug passierte Welwyn ordnungsgemäß, aber aus irgendeinem Grund gab der Wärter das Signal für den 22.53 Uhr Zug nicht frei. Dieser bremste an dem auf 'Gefahr' stehenden Vorsignal vor Welwyn. Der Lokführer nahm an, er komme zu stark an den ersten Zug heran und müßte irgendwann anhalten. Bei der Einfahrt in den Bahnhof waren die Signale auf 'frei Fahrt' gestellt; als er kurz darauf beschleunigen wollte, wurde er von hinten vom 22.58 Uhr Zug gerammt, der eine Geschwindigkeit von 115 km/h hatte. Der letzte Wagen des 22.53 Uhr Zug wurde zerstört und weitere beschädigt; beim 22.58 Uhr Zug wurden zwei Wagen ineinandergeschoben. Einige der Wagen besaßen bewegliche Mittelkupplungen (als Alternative zu Seitenpuffern und starren Kupplungen) und blieben daher in der Spur. Trotzdem waren die Schäden mit 13 Toten und 81 Verletzten groß.

Wie konnte es dazu kommen, daß der 22.58 Uhr Zug von Hatfield kommend in den Abschnitt einfuhr, auf dem sich der 22.53 Uhr Zug langsam vorwärts bewegte?

Die Untersuchung befand, daß der unerfahrene Signalwärter die Übersicht verloren und die Vorsignale für den 22.58 Uhr Zug auf 'frei' stellte, während der 22.53 Uhr Zug noch gar nicht passiert hatte. Der leitende Beamte empfahl, zwei Gleisstromkreise mit den Blockstreckengeräten und den Signalhebeln so zu verbinden, daß ein Zug nachweislich eine Blockstrecke erst vollständig durchfahren haben mußte und die Signale hinter ihm auf 'Gefahr' gestellt waren, ehe die Blockstreckengeräte erneut auf 'freie Fahrt' anzeigen konnten. Damit erreichte die mechanische Blockstreckensicherung ein höheres Niveau. Diese Neuerung erhielt den Namen Welwyn-Überwachung und wird noch heute eingesetzt, obwohl sie sich nicht überall durchsetzte.

## Die Zusammenstöße von Battersea Park, 1937, und South Croydon, 1947

**Mehr als 50 Jahre früher war bereits eine andere Form der Blockstreckensicherung entwickelt worden, deren Sicherheitsvorkehrungen denen der Welwyn-Überwachung größtenteils entsprachen.** Der Sykes-Streckenblock mit Zugeinwirkung – benannt nach seinem Erfinder – wurde auf Strecken südlich und östlich Londons, vereinzelt auch andernorts eingesetzt. An den Schienen wurden Durchbiegungskontakte installiert, und die Räder eines Zuges übermittelten bei dessen Berührung elektrische Signale an das Stellwerk. Dort wurden elektrische Verriegelungen an den Streckeneinrichtungen und Signalen aktiviert bzw. freigegeben. Ehe ein Zug weiterfahren durfte, mußten die Blockstreckengeräte für den nächsten Abschnitt 'freie Fahrt' anzeigen. War der Zug in den Abschnitt eingefahren, wurde dieser bis zur Ausfahrt am anderen Ende gesperrt. Gelegentlich kam es jedoch vor, daß eine Verriegelung wegen eines defekten Kontakts nicht deaktiviert wurde. Um den gesamten Zugverkehr nicht zum Erliegen zu bringen, mußte der Signalwärter dann mit einer Auslösetaste bzw. einem Druckschalter die Sperre überbrücken (was in der Regel nur im Zusammenwirken mit dem Nachbarstellwerk möglich war). Diese Möglichkeit, das System zu beeinflussen, war zugleich sein Todesurteil, denn es kam mehrfach zu Unfällen, als Signalwärter von Defekten ausgingen obwohl gar keine vorlagen.

Am Morgen des 2. April 1937 hatte der Signalwärter, eine neue Aushilfskraft, in Battersea Park auf der Hauptstrecke von Brighton zum Londoner Victoria-Bahnhof Schwierigkeiten bei dem Versuch, ein Signal der South London-Linie freizugeben und anschließend die Weichen zu stellen. Das Sykes-System blockierte die Einrichtungen, so daß er die Weichen per Drucktaste umstellen wollte, jedoch wiederum ohne Erfolg. Inzwischen traf ein Vorortzug von London Bridge vor dem Einfahrtsignal ein, wurde dort aber von einem Warnsignal angehalten, das die Sykes-Sperre aufgrund der Kopplung mit der South London-Linie ausgelöst hatte.

Der Signalwärter brach die Plomben der Stelleinrichtungen auf und versuchte, die Sperre manuell zu deaktivieren. Unabhängig davon schaltete die Regelung für den Abschnitt Pouparts Junction, dem nächsten Stellwerk hinter London, auf 'freie Fahrt' für die Vorortstrecke. Der Signalwärter von Pouparts Junction ließ in gutem Glauben einen Zug von Coulsdon Richtung Victoria durchfahren. Durch den Nebel sah dessen Lokführer den haltenden Zug von London Bridge erst 46 m vorher und konnte einen Zusammenstoß nicht mehr verhindern. Der erste Wagen des Zuges von Coulsdon und der letzte Wagen des anderen Zuges wurden komplett zerstört. 10 Fahrgäste wurden getötet und 80 verletzt. Erstaunlicherweise erlitt der Lokführer des zweiten Zuges nur leichte Verletzungen, obwohl sein Fahrerstand stark in Mit-

***Links: Auch in South Croydon, 10 Jahre nach der Tragödie von Battersea Park, manipulierte ein Signalwärter die Sicherheitssperren und verursachte bei dichtem Nebel einen Zusammenstoß zweier elektrischer Züge, bei dem mehr als 30 Menschen, einschließlich des Fahrers des 2. Zuges, ums Leben kamen.***

**EMPFEHLUNGEN**

Die Katastrophe von Welwyn führte zur Einführung neuer Blockstreckeneinrichtungen und Signalverriegelungen – bekannt als sog. Welwyn-Überwachung.

**EMPFEHLUNGEN**

Nach dem Unfall von Stechford wurden die Dienstanweisungen für das Verbot plötzlicher und nichtfahrplanmäßiger Manöver erweitert.

leidenschaft gezogen wurde. Der Signalwärter wurde für den Zwischenfall verantwortlich gemacht.
Zehn Jahre später, am 24. Oktober 1947, ereignete sich auf der Südlinie ein weiterer Unfall mit dem Sykes-System, dieses Mal in South Croydon, wieder auf der Brightoner Strecke.
Smog gehörte bei kaltem, windstillem und feuchtem Wetter zum Alltag in den Londoner Vororten. Die Ursache lag im Rauch der kohlebefeuerten Häuser. Die Lokführer konnten an diesem Tag bestenfalls im Schneckentempo zu den Signalen vorfahren, um zu erkennen, ob diese auf 'Gefahr' standen; es sei denn, das Vorsignal hatte ihnen bereits 'freie Fahrt' gewährt. Für die Signalwärter lag die Sichtweite unter 50 m.
In Purley Oaks, der Station südlich von South Croydon, hatte der Signalwärter einen elektrischen Zug von Haywards Heath nach London Bridge bis zum Abfahrtssignal vorfahren lassen. Dieses stand auf 'Gefahr', denn die Strecke nach South Croydon war noch nicht freigegeben. Allerdings vergaß der Wärter die Sache einfach. Da kein Zug den Durchbiegungskontakt betätigt und damit die dahinter liegende Blockstrecke von Purley entsperrt hatte, blieb die Sperre aufrecht, um keinen weiteren Zug einfahren zu lassen. Allerdings mußte der Signalwärter von Purley, der nächsten Station, weitere Züge auf die Reise schicken, und so fragte er telefonisch in Purley Oaks an, wann die Strecke wieder frei wäre. Der Wärter in Purley Oaks versuchte nun, den Streckenregler umzuschalten. Da dieser jedoch blockiert war, benutzte er eine Entriegelungstaste.
Er gewährte einem in Purley wartenden Zug von Tattenham Corner zur Weiterfahrt nach London Bridge Einlaß in den Abschnitt, da die Strecke nach South Croydon nun nicht mehr blockiert war. Daraufhin rollte auch der Zug von Haywards Heath an, aber der von Tattenham Corner war schneller. Da alle Signale freie Fahrt anzeigten, kam es in South Croydon zum Zusammenstoß. Der erste Wagen des Zuges aus Tattenham Corner bestand aus Holz und wurde vollkommen zerstört. Insgesamt wurden der Lokführer und 31 Fahrgäste getötet und viele der 1800 Reisenden beider Züge verletzt. Und alles nur, weil ein unerfahrener Signalwärter unüberlegt den Freigabeschalter der Sykes-Blockiersystems betätigt hatte.

## Der Zusammenstoß von Winsford, 1948

**Die Ursachen für die Katastrophe von Winsford auf der flachen Strecke nördlich von Crewe** kurz nach Mitternacht am 16. April 1948 sind nicht bei der Bahn zu suchen, sondern bei einem Soldaten, welcher bei Winsford die Notbremse des Nachtzuges 17.40 Uhr von Glasgow nach London Euston zog. Er wohnte in der Nähe und wollte bei der folgenden Bremsung abspringen, um schneller nach Hause zu kommen. Es gibt jedoch strenge Vorschriften und Dienstanweisungen für die Gewährleistung der Zugsicherheit nach einer Notbremsung, die aber an diesem Abend nicht beachtet wurden.
Zugbegleiter und Heizer schritten den Zug ab, um die Ursachen für den Nothalt sowie den Wagen, in dem die Bremsung ausgelöst wurde, zu ermitteln. So etwas dauerte in der Regel lange, so daß der Zug eigentlich mit Signalzündern, einem roten Licht und außerdem über das Signalsystem hätte gesichert werden müssen. Aber als der Signalwärter von Winsford Junction im Bahnhof Winsford nachfragte, wo der Zug bleibe, glaubte der dortige Wärter, er habe den Zug von Glasgow nach London ganz einfach beim Vorbeifahren übersehen. Er gab die Blockstrecke ab Winsford Junction frei und gewährte als nächstes dem Postzug von Schottland nach London Einfahrt, in dem Postangestellte Briefe sortierten.
Der Zugbegleiter des Zuges von 17.40 Uhr entschied sich letztendlich doch, seinen Zug zu sichern. Allerdings war es dazu zu spät. Er kam nur 365 m weit und wollte gerade einen Signalzünder auf das Gleis legen, als der schwere Postzug an ihm vorbei in den haltenden Personenzug raste. Dabei wurden 24 Menschen getötet und zahlreiche verletzt.

## Der Zusammenstoß von Stechford, Birmingham, 1967

**Die gesamte Gegend war 1967 um Birmingham mit moderner Signaltechnik – komplette Verlegung von Gleisstromkreisen, Farbsignale und Zentralüberwachung – ausgerüstet.** Allerdings besaßen Güterumschlagplätze und deren Anschlüsse an die Hauptstrecken häufig noch gesonderte Rangiereinrichtungen vor Ort, deren elektrische und elektronische Verriegelungen vom Hauptstellwerk aus geregelt wurden, wie im Fall von Stechford südöstlich von Birmingham an der Hauptstrecke nach London Euston.
Stechford kontrollierte nicht nur den Verkehr des Bahnhofs New Street in Birmingham, sondern war auch der Schnittpunkt der sog. Grand Junction Line, die das Stadtzentrum von Birmingham umfuhr. Ein aus Coventry kommender Güterzug war zu lang für die Nebengleise. So wurde er auf der Grand Junction abgestellt. Seine Diesellok sollte auf dem Gegengleis der Grand Junction an ihm vorbei auf die Birminghamer Strecke und von dort aus zurück ans andere Ende des Zuges fahren. Laut Vorschrift war dies verboten, aber der Rangierer wollte dieses Manöver telefonisch mit dem Haupt-Signalzentrum in Birmingham abstimmen. Vorher gab er dem Begleiter des Gü-

terzuges per Handzeichen zu verstehen, er solle ans andere Zugende kommen. Leider faßte der zweite Mann auf der Lokomotive, die sich auf der Grand Junction befand, dies als Aufforderung zum Losfahren auf. Der Lokführer setzte die Maschinen in Bewegung auf die Strecke nach Birmingham zu. Gerade als die Lok die Strecke kreuzen wollte, stieß sie mit einem Triebwagen-Schnellzug, dessen Signale freie Fahrt anzeigten, zusammen. Durch die Wucht des Aufpralls wurden die Wagen des Triebwagenzuges in die Höhe geschleudert und weit auf die Birminghamer Strecke geworfen. Dabei rissen sie die Querträger der elektrischen Oberleitungen weg. Der Fahrer des Triebwagenzuges und acht Reisende wurden getötet, 16 weitere – einschließlich der beiden Eisenbahner – kamen mit Verletzungen davon.

Ursache für diesen Unfall waren ein verbotenes Manöver sowie unachtsame Handzeichen. Diese unglücklichen Umstände begleiteten die Einführung des neuen, vollelektrischen Servicebetriebs und die Modernisierung des Streckennetzes zwischen Liverpool, Manchester, Birmingham und London, die wenige Tage später abgeschlossen werden sollten.

***Unten: Nur wegen eines verbotenen und unvorsichtigen Handzeichens mußten der Fahrer eines elektrischen Zuges und 8 Fahrgäste sterben. Dieser Wagen verdeutlicht die Wucht des Zusammenstoßes, bei dem die Wagen über mehrere Gleise geschleudert wurden.***

# KAPITEL 5

# GEFAHREN EINGLEISIGER STRECKEN

Die in Großbritannien entwickelten elektrischen Systeme zur Signalregelung eingleisiger Abschnitte wurden auch von jenen Ländern übernommen, die unter britischer Verwaltung standen oder deren Eisenbahnen von britischen Gesellschaften betrieben wurden. Anderswo arbeitete man nach der Erfindung des Telegraphen vorwiegend nach Fahrplänen und Zugleitsystemen. Vordem basierte die Verkehrsregelung eingleisiger Strecken in vielen Ländern ausschließlich auf Zeitplänen und speziellen Betriebsvorschriften, vor allem dort, wo zwischen den Haltepunkten immense Entfernungen lagen, wie beispielsweise in Nordamerika. Es kam unvermeidlich zu Irrtümern und Fehlinterpretationen der Dienstanweisungen. Aber auch nach der Erfindung des Telegraphen passierte es, daß die Nachrichten unvollständig waren oder vom Zugpersonal falsch ausgelegt wurden. Dies führte nicht selten zum Frontalzusammenstoß, der – selbst wenn beide Züge relativ langsam fahren – wahrscheinlich verheerendsten Unfallmöglichkeit, denn die Wucht des Zusammenpralls resultiert aus der Summe von zwei Geschwindigkeiten.

## Der Zusammenstoß von Camp Hill, US-Bundesstaat Pennsylvania, 1856

**Ein Beispiel für einen Unfall auf einer eingleisigen Strecke in den USA aus den Tagen vor Einführung des Telegraphen** ist der Zusammenstoß eines Vorortzuges mit einem Sonderzug. Er beförderte Kinder aus Philadelphia zu einem Tagesausflug mit Picknick ins ca. 1 Stunde entfernte Fort Washington. Dieser Zug war auf dem Dienstplan als außerplanmäßig eingetragen und sollte, sofern er pünktlich verkehrte, vor Eintreffen des Gegenzuges nach Philadelphia in Fort Washington ankommen. Laut Vorschrift war der Sonderzug bei einer Verspätung von mehr als 15 Minuten vor Fort Washington auf ein Nebengleis umzuleiten, um den Gegenzug durchzulassen. Ferner mußte der Gegenzug maximal 15 Minuten in Fort Washington warten, wenn der Sonderzug nicht pünktlich eintraf. Das System galt als absolut sicher.

Der Sonderzug hatte tatsächlich 15 Minuten Verspätung, als er das Nebengleis vor Fort Washington erreichte. Da der Fahrer jedoch wußte, daß der Gegenzug unbedingt 15 Minuten warten mußte, entschied er sich für die Weiterfahrt. Gleichzeitig nahm der Lokführer des Gegenzuges an, der Sonderzug würde auf die Durchfahrt seines Zuges warten, und gab Signal zur langsamen Weiterfahrt, obwohl seine 15minütige Wartefrist noch nicht verstrichen war. Der Gegenzug fuhr nur etwa 16 km/h, als Maschinist und Heizer den Sonderzug bergab mit 55–65 km/h auf sich zukommen sahen. Die Handbremsen konnten nichts mehr ausrichten. Beide Lokomotiven stießen zusammen; die Wagen wurden nicht nur in tausend Stücke gerissen, sondern fingen auch noch Feuer, das den Sonderzug zur Hälfte erfaßte. Mehr als 60 Menschen starben. Der Lokführer des Gegenzuges beging später Selbstmord. Allerdings wurde der Unfall dem Fahrer des Sonderzuges angelastet.

Trotz der potentiellen Gefahr eingleisiger Strecken widersetzten sich viele Bahngesellschaften in Nordamerika dem Einbau von Telegraphen oder – wenn sie eingebaut waren – deren Anwendung. Der Grund für den hartnäckigen Widerstand der Betreiberfirmen in den USA (und ebenso in Großbritannien) waren neben Mißtrauen gegenüber neuen Technologien, vor allem die Anschaffungskosten.

Es sei jedoch darauf hingewiesen, daß der Telegraph das System lediglich sicherer, nicht aber unfehlbar machte. Es blieb dabei,

***Links:** Das Gewirr von zermalmtem Stahl und Holz nach dem Zusammenstoß von Abermule (Wales) 1921.*

***Rechts:* Der Trümmerhaufen nach dem Frontalzusammenstoß zwischen einem Postzug aus Yarmouth und dem Schnellzug London–Yarmouth in der Nähe von Brundall 1874. Ursache waren Kommunikationsfehler in Norwich.**

daß alle Beteiligten die Nachrichten korrekt übermitteln und interpretieren mußten. Sogar in Großbritannien waren Zusammenstöße auf eingleisigen Strecken mit Telegraphentechnik nicht unbekannt, wenngleich sehr selten – vor allem wegen der kürzeren Entfernungen im Vergleich zu den USA und der geringen Zugfrequenz.
Eine der schlimmsten Katastrophen auf einer eingleisigen Strecke in Großbritannien ereignete sich in der Nähe von Norwich.

## Der Zusammenstoß bei Norwich, 1874

**Der eingleisige Abschnitt zwischen Norwich–Yarmouth in Ostengland wurde als einer der ersten in ganz Großbritannien durchgehend mit Telegraphen ausgerüstet.** Ab 1848 hatte der Telegraph den sicheren Zugverkehr gewährleistet. Bis zu jenem Abend des 10. September 1874: Der Schnellzug von Liverpool Street nach Yarmouth um 17.00 Uhr, der in Norwich Thorpe die Fahrtrichtung ändern mußte, sollte den von Yarmouth kommenden Postzug um 20.40 bei Brundall kreuzen. Der Schnellzug hatte 20 Minuten Verspätung, so daß der Diensthabende der Nachtschicht dem Bahnhofsvorsteher vorschlug, den Postzug von Brundall aus gen Norwich fahren zu lassen. Nach einigem Hin und Her nahm der Diensthabende an, der Bahnhofsvorsteher sei einverstanden und wies den Telegraphist an, in Brundall Bescheid zu geben, der Postzug nach Norwich könne losgeschickt werden. Der Diensthabende unterschrieb zwar seine schriftliche Anweisung nicht, wie er es laut Vorschriften hätte tun müssen, aber der Telegraphist übermittelte die Nachricht trotzdem nach Brundall.
Ein weiterer Auslöser der Tragödie war die Tatsache, daß der Diensthabende der Tagschicht kurz vor Schichtschluß dem Lokführer des Schnellzuges schriftlich angewiesen hatte, nach Brundall zu fahren, da er nicht wußte, daß man dem Postzug bereits telegraphiert hatte. Kurz darauf erkannten alle Beteiligten das Ausmaß ihrer Handlungen. Sie durchlebten einige Minuten des Schreckens in dem Bewußtsein, zwei Züge losgeschickt zu haben und nun nicht mehr anhalten zu können. Die beiden Züge stießen mit einer Geschwindigkeit von insgesamt 80–100 km/h wenige Meter vor einer Brücke in der Nähe von Norwich zusammen. Viele der 14 bzw. 13 vierrädrigen Wagen türmten sich zerstört auf. 25 Menschen, darunter beide Lokbesatzungen, starben und mehr als 70 wurden verletzt. Die letzten Wagen des Schnellzuges kamen auf der geländerlosen Brücke zum Stillstand. Glücklicherweise stürzte niemand in den Fluß.

Es mag ironisch klingen, daß just dieser Abschnitt demnächst zweigleisig ausgebaut werden sollte. Die unmittelbare Ursache dieses Unglücks waren jedoch widersprüchliche Entscheidungen: Tag- und Nachtschicht handelten unkoordiniert; Nachtschicht und Telegraphist mißachteten die Vorschriften bezüglich der Unterschrift der Anweisung für den Postzug.

## Fehler im Zugleitsystem in Nordamerika

**In den USA erstreckte sich das Telegraphensystem über riesige Entfernungen.** Ohne automatische Hilfsmittel zur Vermeidung menschlichen Versagens mußte es zwangsläufig zu katastrophalen Fehlern kommen. Das Telegraphensystem wurde durch strikte Dienstanweisungen ergänzt. Sie legten die Prioritäten des Zugverkehrs fest: Weniger wichtige Züge wurden auf Nebengleise rangiert und mußten warten; Züge in eine Richtung hatten Vorfahrt vor Zügen in Gegenrichtung etc. Bei hohem Verkehrsaufkommen verdoppelte sich auf manchen Strecken die Durchlaßfrequenz; dann mußte ein Zug auf einem Nebengleis informiert werden, daß er zwei anstelle eines Zuges abwarten mußte. Der Lokführer des wartenden Zuges erhielt die entsprechenden Anweisungen, aber oft wurden die Informationen zusätzlich per Flaggenzeichen oder Bordsignale mitgeteilt, die sich am ersten Teil des durchfahrenden Zuges befanden.
Die Schwäche dieses Systems wurde am 10. Oktober 1904 in Warrensburg (Bundesstaat Missouri) erkennbar. Die Besatzung eines Güterzuges, der auf einem Nebengleis die Durchfahrt eines angekündigten Schnellzuges abwartete, übersah das Signal 'zusätzlicher Zug' am ersten Schnellzug und fuhr langsam vom Nebengleis auf den eingleisigen Abschnitt. Dabei stieß er frontal gegen den zweiten Schnellzug. Trotz des relativ geringen Tempos vom 50 km/h wurde der erste Wagen total zerstört, und 29 Menschen fanden den Tod.
Am 16. März 1906 hatte die Unaufmerksamkeit eines Telegraphisten in Beaver Station der Denver & Rio Grande Railroad schlimme Folgen. In den Morgenstunden fragte der Stellwärter telegrafisch an, ob der Schnellzug nach Westen bereits passiert habe. Der Telegraphist war bereits vom Vortag an im Dienst gewesen und war nach durchwachter Nacht kurz eingeschlafen. Während dessen hatte der Schnellzug passiert. Allerdings teilte er dem Stellwärter mit, der Zug sei noch nicht durch. Daraufhin wies ihn jener an, dem Schnellzug den neuen Befehl zu übermitteln, er sollte einen nach Osten fahrenden Zug bei der Station Adobe – weiter östlich als vorher festgelegt – kreuzen.
Der westwärtige Zug fuhr, da seine Mannschaft nichts von den

**EMPFEHLUNGEN**

Die Katastrophe von Norwich zeigte die Nachlässigkeit einiger Angestellter bei der Einhaltung von Betriebsabläufen. Für Telegraphisten wurde das Dienstregime daher verschärft.

neuen Anweisungen wußte, ohne Halt durch Adobe. Zwischen dieser Station und Florence kam es zum Zusammenstoß mit dem Zug nach Osten. Zwei Wagen wurden zermalmt und brannten aus; 34 Menschen starben.

Im Juli 1907 ereignete sich ein Unfall bei Salem (Bundesstaat Michigan). Ein Güterzug erhielt eine schwer zu entziffernde Anweisung. So ging die Besatzung davon aus, sie würde das Ausweichmanöver eine Station früher als ursprünglich geplant ausführen. Das Ergebnis war ein Frontalzusammenstoß des Güterzugs mit dem Personenzug zwischen den beiden Stationen, der in diesem Fall 30 Menschenleben forderte.

Im September 1907 enthielten die Papiere eines westwärts fahrenden Güterzuges in Canaan (Bundesstaat New Hampshire) die falsche Zugnummer. Daraufhin nahm die Besatzung an, daß sie auf der Weiterfahrt den hinteren zweier planmäßiger Personen-Schnellzüge, welche im Abstand von 20 Minuten verkehrten, vorbeilassen müßte. Sie nahmen an, daß der erste Zug Verspätung habe und daher erst im Anschluß an den zweiten einträfe. Die Mannschaft des Güterzuges hatte vor, in West Canaan auf das Nebengleis auszuweichen; dazu blieb ihnen laut Fahrtpapieren genügend Zeit. Allerdings verkehrte der erste Zug fahrplanmäßig, so daß er frontal mit dem Güterzug zusammenstieß, ehe letzterer Canaan erreichen konnte. Obwohl ein Gepäckwagen hinter dem Kohlewagen der Schnellzug-Lokomotive den Aufprall zum großen Teil abfing, wurde der folgende Wagen vollkommen zusammengeschoben. 26 Tote waren zu beklagen.

In den 30er Jahren dieses Jh. wurde für lange eingleisige Abschnitte eine neue Form der Signalregelung, die sog. zentrale Verkehrskontrolle, entwickelt. Die Signale an Kreuzungspunkten und Nebengleisen wurden von einem zentralen Stellwerk bzw. Kontrollzentrum aus geregelt, das mehr als 160 km entfernt liegen konnte. Dieses System verfügte über eingebaute Sicherheitsvorkehrungen und eröffnete damit die Möglichkeit, Fehlerquellen durch den Telegraphen bzw. im Zugleitsystem vorn vornherein zu vermeiden. In den 50er Jahren setzte sich die Neuerung langsam durch, aber es dauerte noch lange, ehe sie in großem Maßstab angewandt wurde. Auf jeden Fall hatte sie die Hauptstrecke der Canadian National (CN) durch die Rocky Mountains nach Vancouver noch nicht erreicht.

Nur der Name einer Station fehlte in den Fahrtpapieren eines Armee-Sonderzuges nach Westen am 21. November 1950. Dies führte in den Bergen zu einem schweren Frontalzusammenstoß mit einem ostwärts fahrenden Personenzug.

Der für den Abschnitt zuständige Stellwärter hatte den Telegraphen in Red Pass telefonisch angewiesen, dem Lokführer des Armeezuges mitzuteilen, den Zug Nr. 2 im 56 km entfernten Cedarside und den Zug Nr. 4 noch einmal 40 km weiter in Gosnell zu kreuzen. Obwohl der Telegraphist in Red Cross die Nachricht bestätigte, enthielt die schriftliche Nachricht den Namen 'Cedarside' nicht, so daß es so aussah, als solle der Armeezug beiden Zügen in Gosnell begegnen. Der Armeezug raste daher durch Cedarside und prallte mit dem Zug Nr. 2, der von einer schweren Lok (4-8-2) gezogen wurde, frontal zusammen. Beide Lokbesatzungen und 17 Fahrgäste starben, zahlreiche andere wurden verletzt.

***Gegenüber:** Eine weitere Ansicht des Zusammenpralls von Abermule zeigt, wie leicht Holzwagen im Unglücksfall zerbarsten. Vergleichen Sie dazu die Bilder des Unfalls von Bushey auf den Seiten 92–93, bei dem die Wagen intakt blieben.*

## Der Zusammenstoß von Abermule (Wales), 1921

**Die elektrischen Tafelanlagen und später die Warnsyteme mit Stäben und Token** (siehe S. 11) wurden nach und nach auf jenen langen eingleisigen Strecken Großbritanniens eingesetzt, auf denen mehrere Züge gleichzeitig verkehrten. Kürzere eingleisige Abschnitte mit lediglich einem Pendelzug wurden nach einem einfacheren System bedient. Nach einer telegraphischen Verwechslung 1876 in Radstock, Somerset, die einen Zusammenstoß verursacht hatte, verzeichnete Großbritannien 45 Jahre lang keine derartigen Zwischenfälle mit Personenzügen auf eingleisigen Strecken mehr (abgesehen von den abgekoppelten Wagen in Armagh – siehe S. 25). Doch dann kam jener 26. Januar 1921.

Die Hauptstrecke von Whitchurch und Oswestry nach Aberystwyth und Pwllheli war durchgehend einspurig und wurde nach dem elektrische Tafelsystem geregelt. Als Überrest aus der Telegraphenzeit waren diese Geräte manchmal am Bahnhof und nicht in einem Stellwerk untergebracht. So auch in Abermule. Der Bahnhof war auch insofern etwas Besonderes, als das Stellwerk im Norden die Weichen am südlichen Ende nicht regelte; sie wurden separat nebenan gestellt. Damals verfügte jeder eingleisige Abschnitt über einzeln blockierte Tafelinstrumente an den Passierpunkten am Ein- und Ausgang. Die Tafeln waren rund – etwa wie ein dicker Keks – und so eingekerbt, daß sie ausschließlich in die dafür vorgesehenen Einschubschlitze paßten. Mit anderen Worten, eine Tafel ließ sich nicht in Geräte für benachbarte Abschnitte einschieben. Außerdem waren die Instrumente am Anfang und am Ende des eingleisigen Abschnitts elektromechanisch miteinander verbunden, so daß immer nur eine der beiden Tafeln gezogen werden konnte.

Die Katastrophe von Abermule ist – ähnlich dem Durcheinander von Norwich 1874 (siehe S. 47) – auf Unachtsamkeit und fehlende Koordination der vier Bahnhofsmitarbeiter zurückzuführen. Ein Personenzug von Whitchurch nach Aberystwyth wurde von Montgomery, der nächsten Station im Norden, ordnungsgemäß in Aber-

mule angekündigt. Der Signalwärter von Abermule bediente das Tafelinstrument, um dem Zug Einfahrt zu gewähren. Ein Schnellzug von Aberystwyth nach Manchester sollte den Personenzug in Abermule überholen. Für den Fall, daß sich einer der beiden Züge verspätete, würde u.U. ein anderer Passierpunkt festgelegt. An diesem Tag war der Schnellzug pünktlich. Der diensthabende Bahnhofsvorsteher sollte die Durchfahrt des Schnellzuges überwachen, war aber zum Essen gegangen. Der Signalwärter ging zum Stellwerk, öffnete die Schranken am Bahnübergang und stellte die Signale für den Personenzug auf 'freie Fahrt'.

Ein Dienstmann, der sich mit den Tafelinstrumenten auskannte, sich aber davon fernzuhalten hatte, war allein im Bahnhof, als von Newton – der nächsten Station – die Ausgabe der Tafel angefordert wurde, damit der Schnellzug von dort in Richtung Abermule fahren konnte. Der junge Mann entsperrte das Gerät und lief dann zum südlichen Bahnhofsende, um dessen Signale für die Ankunft des Schnellzuges zu stellen. Ein zweiter Diensthabender übernahm die Tafel in einem Lederbeutel vom Lokführer des soeben eingefahrenen Personenzuges. Er wollte sie gerade zu dem Gerät für den Abschnitt von Montgomery bringen, als er den Bahnhofsvorsteher traf, der ihm den Lederbeutel ohne weitere Beachtung des Inhalts abnahm. Jener ging davon aus, daß der Schnellzug Newton noch nicht erreicht hatte, und gab dem Fahrer des Personenzuges den Beutel zurück. Er wäre der letzte gewesen, der alles hätte verhindern können, aber er las die Aufschrift auf der Tafel nicht und fuhr in Richtung Newton.

Der Personenzug beschleunigte auf der Anhöhe nach Newton. Etwa 2,4 km von Abermule entfernt, fuhr der Schnellzug mit ca. 80 km/h bergab und bereite sich auf die Bremsung vor. Glücklicherweise bemerkte der Lokführer den Rauch des entgegenkommenden Personenzuges und bremste scharf. Er konnte auf 50 km/h verzögern, so daß die beiden Züge mit einer Geschwindigkeit von zusammen ca. 100 km/h aufeinanderprallten. Der Fahrer und der Heizer des Schnellzuges sprangen kurz vorher ab und überlebten, aber für die Besatzung des Personenzuges, den Begleiter des Schnellzuges und 14 Fahrgäste war es zu spät.

Der Fahrer des Schnellzuges fand unter den Trümmern seiner Lok die Tafel, die man ihm übergeben hatte. Darauf stand 'Newton-Abermule' und bestätigte, daß dies der einzige Zug war, der sich in dem Abschnitt befinden durfte. Die anschließende Untersuchung kam zu dem Ergebnis, daß das System selbst an der Sache schuld war. Tafelinstrumente sollten stets in Stellwerken untergebracht und Signale mit Tafelinstrumenten verbunden sein, um zu verhindern, daß Signale mit falschen Tafeln freigegeben werden konnten.

*Rechts: Der Frontalzusammenstoß von Warngau 1975 mit Tempo 145 km/h richtete schweren Schaden an den Wagen an. Ursache waren Übermittlungsfehler zwischen benachbarten Bahnhöfen.*

## Der Zusammenstoß bei Warngau, 1975

**Trotz modernster automatischer Sicherheitseinrichtungen bediente man sich in vielen Teilen der Welt noch immer des Fahrplan- bzw. Zugleitsystems,** und zwar auch auf einigen Nebenstrecken oder Abzweigungen in Kontinentaleuropa. So auch 1975 auf einer Strecke nach Lenggries in den bayrischen Alpen nahe der österreichischen Grenze. Ein System aus Fahrplan und Telefonverbindungen an Schnittpunkten bildete eine Art absoluten Block. Vorgeschriebene Wörter sollten die Mißverständnisse ausschalten. Am 8. Juni 1975 waren die Zugstrecken in Richtung Gebirge überlastet, und man setzte für die Rückreise von Wochenendurlaubern und Wanderern einen Sonderzug von Lenggries nach München ein. Im Streckenplan waren verschiedene Zeiten für sog. Bedarfszüge eingetragen, d.h. mußte ein zusätzlicher Zug eingesetzt werden, standen dafür diese Zeiträume zur Verfügung. Auf einspurigen Strecken bedeutete dies, daß ein planmäßiger Zug ggf. einige Minuten später verkehrte, um sich nicht mit einem Sonderzug zu überschneiden. Laut Fahrplan kreuzten sich einige der Linien zwischen den Bahnhöfen, was eigentlich untragbar war, aber die jeweiligen Schnittstellen sollten von Bahnbeamten vor Ort überwacht werden.

Wegen des Sonderzuges aus Lenggries an diesem Abend hätte der reguläre Zug aus München in Warngau warten müssen; der Sonderzug befand sich 5 km von der nächsten Station Schaftlach entfernt. Die Bahnbeamten in Warngau und Schaftlach hatten alle Hände voll zu tun: Fahrkarten ausgeben, Telefone und Signale bedienen, Ankunft und Abfahrt der Züge überwachen. Über

**EMPFEHLUNGEN**

Warngau unterstrich die Notwendigkeit der Beachtung genau festgelegter verbaler Anweisungen und der besseren Ausbildung des Personals. Moderne Signaltechnik hätte das Unglück vermeiden können.

***Links: Der Aufprall in Warngau war so heftig, daß die Dieselloks auf zwei Drittel ihrer Länge zusammengeschoben wurden. Beide Lokführer hatten keine Überlebenschance.***

Telefon teilten sie einander mit, wann der an ihrer Station eingefahrene Zug den eingleisigen Abschnitt passieren würde. Der genaue Wortlaut ihrer Mitteilungen ist nicht bekannt, aber sie hielten sich gewiß nicht an das vorgeschriebene Vokabular.

Fest steht, daß beide Züge in den eingleisigen Abschnitt einfuhren und aufeinander zu rasten. Beide hatten Diesellloks, deren Führer kaum Zeit zum Betätigen der Bremsen hatten, als sie einander gewahrten. Mit einer Geschwindigkeit von zusammen 145 km/h prallten sie aufeinander. Insgesamt wurden 38 Fahrgäste, beide Fahrer und einer der Schaffner getötet sowie 122 Reisende schwer verletzt, ... und alles nur wegen der Nachlässigkeit bei der telefonischen Benachrichtigung.

# Der Zusammenstoß von Cowden, Sussex, 1994

**Zu Beginn der 90er Jahre waren die meisten Strecken in Großbritannien mit moderner Signaltechnik ausgerüstet.** Dazu gehörten Gleisstromkreise, farbige Lichtsignale und zentrale Überwachungseinrichtungen. Obwohl der technische Fortschritt vor allem auf den Hauptstrecken Einzug hielt, besaßen auch einige Überlandverbindungen und Nebenstrecken bereits moderne Anlagen, die den Bedienkomfort und die Sicherheit erhöhten. Einer dieser Abschnitte war die Linie nach Uckfield, die zum äußeren Netz des Londoner Verkehrsverbundes im Süden gehört.

Ende der 80er Jahre wurde die ursprünglich zweigleisige Strecke auf ein Gleis reduziert und mit einem Ausweichgleis nach Ashurst ausgestattet. Die gesamte Strecke wurde vom Signalzentrum Oxted überwacht; ein Token-System gab es nicht. Die Zugführer mußten sich an den Signalen orientieren, wurden dabei aber unterstützt durch das automatische Warnsystem der Vor- und Stoppsignale.

Der Morgen des 15. Oktober 1994 war neblig. Ein Zug von Oxted nach Uckfield hatte bei Hever 'freie Fahrt' für die Einfahrt in den eingleisigen Abschnitt erhalten. Nach einem Halt im Bahnhof Cowden setzte er seine Fahrt nach Ashurst fort. Ein entgegenkommender Zug von Uckfield nach Oxted übersah nach einem Halt in Ashurst ein Gefahrsignal, das ca. 800 m außerhalb des Bahnhofs Ashurst stand, obwohl der Fahrer – soweit sich dies rekonstruieren ließ – ein akustisches Warnsignal erhalten und bestätigt hatte. Die Signalwärter in Oxted waren also informiert, daß der Gegenzug unberechtigt in den eingleisigen Abschnitt eingefahren war, besaßen aber keine Funkverbindung zu den Zügen und konnten das Unvermeidbare nicht abwenden.

Beide Züge beschleunigten das Tempo und stießen mit voller Kraft zusammen. Der erste Wagen des Gegenzuges wurde völlig zerstört, beide Lokführer starben, ebenso der Schaffner des Gegenzuges, der sich – entgegen der Vorschriften – im Fahrerstand aufhielt. Es gab Vermutungen, daß zum Zeitpunkt des Unfalls sogar er den Zug gefahren habe.

Das Unglück machte deutlich, welche Gefahren die Mißachtung von Signalen mit sich bringt, und zeigte die Notwendigkeit der Einführung eines automatischen Zugsicherungssystems auf. Damit hätten sich beide Lokführer automatisch überwachen und die Züge anhalten lassen können. Allerdings sind solche Anlagen – insbesondere als Ergänzung zur vorhandenen Signaltechnik – äußerst kostspielig.

## AUSWIRKUNGEN

Das automatische Zugsicherungssystem bot sich als Lösung der Probleme an, die beim Unglück von Cowden deutlich geworden waren. Allerdings waren die damit verbundenen Kosten exorbitant.

***Vorhergehende Seite:** Nach dem Frontalzusammenstoß von Cowden hängt einer der Wagen bedrohlich über der Krone des Bahndamms. Solche Unfälle auf eingleisigen Strecken sind selten in Großbritannien. In den 118 Jahren zwischen 1876 und 1994 waren in nur drei schweren Fällen Personenzüge beteiligt, obwohl an Knotenpunkten eingleisiger Strecken weitere Unglücke passierten.*

***Links:** Trotz ihrer soliden Bauweise und hohen Qualität widerstehen nicht einmal Stahlwagen der Wucht eines Zusammenstoßes bei hoher Geschwindigkeit.*

NUNEATON
86 242
20

# ZU HOHE GESCHWINDIGKEIT UND ABKOPPLUNGEN

Für die Sicherheit im Eisenbahnverkehr ist es erforderlich, daß Lokomotivführer an bestimmten Stellen, wie Kurven, Weichen oder Brücken, die erlaubte Höchstgeschwindigkeit einhalten. Auf abschüssigen Strecken müssen Tempo und Bremsvorgänge so gesteuert werden, daß Geschwindigkeitsbegrenzungen im weiteren Streckenverlauf eingehalten werden können. Im 19. Jh., vor der Einführung der Motorbremse für den gesamten Zug, kannte man nur primitive Bremsvorrichtungen. Die Wagen besaßen Handbremsen, von denen während der Fahrt jedoch immer nur einige von Bremsern bedient wurden. Manchmal gab es auch eine Dampfbremse an der Lokomotive und eine Handbremse am Kohlewagen. Noch weit in unser Jahrhundert hinein hatten auf dem europäischen Festland nicht alle Güterzüge durchgehende Bremsen, und in Großbritannien wurden die letzten Güterzüge, die nur über eine Lokomotiv- und eine Handbremse im Dienstwagen am Ende des Zuges verfügten, erst in den 70er Jahren aus dem Verkehr gezogen. Es liegt auf der Hand, daß die Höchstgeschwindigkeit dieser Züge stark eingeschränkt war.

***Links:** Am 5. Juni 1975 entgleiste die Lok Nr. 86 242 vom Nachtzug Euston–Glasgow in Nuneaton und beendete ihre Fahrt auf dem Bahnsteig. An zeitweilig aufgestellten Warnleuchten an der Strecke war das Gas ausgegangen, so daß der Lokführer die Tempolimit-Warnung nicht sehen konnte und zu schnell in den Bahnhof von Nuneaton einfuhr.*

## Unfälle an Brücken

**Wo Eisenbahnstrecken schiffbare Wasserwege überqueren, müssen Brücken entweder so hoch sein,** daß auch die höchsten Schiffe passieren können, oder sie müssen sich öffnen lassen. Dafür gibt es verschiedene Möglichkeiten: Der bewegliche Brückenteil kann vertikal schwenkbar, an einer Seite aufklappbar oder vollständig anhebbar sein. Unabhängig davon, wie die Öffnung technisch umgesetzt wird, müssen Züge, die eine solche Brücke befahren sollen, entsprechende Signale und Hinweise erhalten. In Großbritannien gibt es einige wenige Brücken dieser Art an Hauptstrecken, und keine von ihnen war jemals Schauplatz eines Unglücks. Häufiger kommen derartige Brücken entlang der Hauptstrecken in Küsten- und Mündungsgebieten in den USA und einigen Teilen Europas vor.

Eine der ersten Zugbrücken-Katastrophen in den USA ereignete sich am 6. Mai 1853 in Norwalk (Bundesstaat Connecticut). Ein Schnellzug von New York nach Boston näherte sich in voller Fahrt dem Bahnhof South Norwalk, als der Lokomotivführer bemerkte, daß die vor ihm liegende Brücke hochgezogen war. Die primitiven Bremsen des Zuges machten jede Hoffnung, den Zug noch rechtzeitig zu stoppen, zunichte. Der Zug stürzte am Ende des Gleises ins Wasser, gefolgt vom Gepäckwagen und den ersten beiden Personenwagen, wobei zunächst alle aufeinander zu liegen kamen. Der dritte Personenwagen brach auseinander, als der vordere Teil ebenfalls über die Kante stürzte und auf den anderen Wagen landete. Die Zahl der Todesopfer – insgesamt 46 – hätte jedoch noch höher sein können, aber glücklicherweise befanden sich in dem Zug aber viele Ärzte auf der Heimreise von einem medizinischen Kongreß, die den Verletzten sofort Erste Hilfe leisten konnten. Der Lokführer überlebte.

Das Signal hatte nicht eindeutig auf 'Gefahr' hingewiesen. Es bestand lediglich aus einem Ball, der bis zur Spitze eines Mastes hochgezogen wurde, wenn „frei" signalisiert werden sollte, und im Falle von 'Gefahr' heruntergelassen wurde in eine Position, in der er wahrscheinlich gar nicht gesehen werden konnte. Der Lokführer hatte die Strecke eine Zeitlang nicht befahren und offenbar vergessen, wie das Signal funktionierte.

Ähnliches ereignete sich im Oktober 1906 in Atlantic City, wo die Pennsylvania Line einen Fluß überquert. Zu dieser Zeit waren die Züge schon mit schnellen Druckluftbremsen ausgestattet, und auch die Signaltechnik hatte sich seit 1853 erheblich verbessert. Obwohl die Warn- und Haltesignale 'Gefahr' anzeigten, reduzierte der vorbeifahrende Zug seine Geschwindig-

**AUSWIRKUNGEN**

Die Katastrophe von Modane passierte im Krieg. Dem Lokführer wurden bei Befehlsverweigerung Disziplinarmaßnahmen angedroht. In Friedenszeiten wäre es nie zu diesem Unglück gekommen.

keit nur geringfügig. Schließlich erkannte der Schaffner die Lage und betätigte die Notbremse. Doch es war zu spät: Die Lokomotive und zwei Wagen stürzten von der Brücke ins Wasser, 57 Passagiere kamen ums Leben.

## Modane, 1917

**In Kriegszeiten müssen viele Soldaten und große Mengen Kriegsgerät per Eisenbahn in die Gefechtszone hinein und wieder heraus transportiert werden.** Das traf insbesondere auch auf Europa während der beiden Weltkriege zu. Unter Kriegsbedingungen werden allerdings bewährte Regeln und technische Standards nicht immer eingehalten.

Der Bahnhof Modane befindet sich am französischen Ende des Mont-Cenis-Tunnels. Dieser führt durch die französischen Alpen und ist Teil der Hauptstrecke von Turin nach Lyon. Nördlich von Modane fällt die Strecke steil ab. Für das Gewicht von Zügen galten in den Tagen der Dampflok strenge Regeln.

Am 12. Dezember 1917 beförderten zwei Sonderzüge aus Turin französische Soldaten aus dem Kampfgebiet im Nordosten Italiens auf Heimaturlaub. Die Züge wurden zusammengekoppelt. Vor die insgesamt 19 Wagen setzte man jedoch eine einzige Dampflok (4-6-0). Nur die drei Wagen direkt hinter der Lok verfügten über automatische Druckluftbremsen; die anderen hatten entweder überhaupt keine Bremse oder nur eine manuelle Handbremse. Der Zug wog fast das Vierfache des für die Lokomotive zugelassenen Höchstgewichts, wogegen der Lokführer Protest einlegte. Die Militärbehörden drohten ihm jedoch mit Disziplinarmaßnahmen und erzwangen so die Abfahrt.

Das Unvermeidliche geschah, als der Zug die steile Abfahrt herunterfuhr. Die Bremsen konnten die schwere Last nicht halten, und am nächsten Bahnhof 6 km talabwärts geriet der Zug bei einer Geschwindigkeit von mehr als 120 km/h außer Kontrolle. Die weißglühenden Bremsklötze brannten bereits, als der erste Wagen entgleiste. Die Wagen türmten sich zu einem regelrechten Berg und fingen Feuer. Es gab nur wenige Überlebende unter den ca. 1000 Soldaten. Nur 425 der Toten konnten identifiziert werden. Die auf etwa 800 geschätzte Zahl der Todesopfer war die höchste, die weltweit je bei einem Eisenbahnunglück zu beklagen war, wobei sie ohne Zweifel den Kriegsbedingungen geschuldet war.

## Wädenswil, 1948

**Wädenswil am Südufer des Zürichsees ist ein Knotenpunkt, an dem die von Zürich nach Chur im Südosten der Schweiz führende Hauptstrecke der Schweizer Bundesbahn (SBB)** mit einer von der privaten Südost-Bahn (SOB) betriebenen Nebenstrecke zusammentrifft. Letztere führt über das südlich des Gebietes um den Vierwaldstätter See gelegene Hochland. Für eine Normalspurbahn weist die SOB-Strecke einige furchteinflößende Gefällabschnitte auf, die zu den steilsten weltweit gehören, die Züge ohne Zahnstangen- oder Zahnradunterstützung befahren.

Am 22. Februar 1948 war ein Wintersportzug von Zürich aus bis zum westlichen Ende der SOB-Strecke gefahren und sollte kurz vor 17.00 Uhr wieder zurückfahren. Die Wagen und die Lokomotive, eine elektrische Gelenk-Güterlok des sog. "Krokodil"-Typs, stammten aus SBB-Beständen, und auch der Lokführer gehörte zur Bundesbahn. Dem Lokführer stand ein SOB-Lotse zur Seite, der ersteren auf alle Geschwindigkeitsbegrenzungen und Signale hinweisen sollte. Der erste Abschnitt der Rückfahrt führte über steile Anstiege. Deshalb befand sich am Ende des Zuges ein zusätzlicher elektrischer Triebwagen, der helfen sollte, den Zug die Berge hinaufzuschieben. Hinter dem Bahnhof Biberbrugg ging es jedoch die 12 km bis Wadenswil nur noch steil bergab. Das „Krokodil“ verfügte über drei Arten von Bremsen: eine elektrische Nutzbremse (deren Funktionsprinzip darin besteht, daß die Motoren zu Generatoren werden, die Strom zurück in die Fahrleitung einspeisen, was eine Bremswirkung zur Folge hat), eine nicht-automatische Druckluftbremse (zum Anhalten des Zuges auf abschüssigen Strecken) und eine automatische Druckluftbremse.

Zunächst hielt der Zug seine Geschwindigkeit, doch kurz vor dem Bahnhof Samstagern, etwa auf halber Strecke, beschleunigte er allmählich. Der Lokführer war sicher, alle Bremsen aktiviert zu haben, einschließlich der Nutzbremse – diese allein hätte in der Lage sein müssen, den Zug bei den vorgeschriebenen 35 km/h Höchstgeschwindigkeit zu halten. Der Lotse kletterte hinten aus der Lokomotive, um die Handbremsen im ersten Wagen zu betätigen, falls die Druckluftbremsen nicht funktionierten. Trotz seiner Bemühungen stieg die Geschwindigkeit auf fast 65 km/h an, und der Zug passierte auf 'Halt' stehende Signale in Burghalden, der letzten Station vor Wädenswil. In Wädenswil selbst standen auf beiden SOB-Gleisen Personenzüge. Die Vorschriften besagten, in einer solchen Situation die SOB-Weichen an der Bahnhofseinfahrt umzustellen und den Zug auf ein Ausweichgleis zu leiten. Das Bahnhofspersonal in Wädenswil war telefonisch davon unterrichtet worden, daß ein außer Kontrolle geratener Zug nur noch drei Kilometer entfernt war. Man hatte gerade noch Zeit, die Weichen umzustellen. Der Zug raste auf das Ausweichgleis, durchbrach die Prellböcke und fuhr in ein neu errichtetes Gebäude, das über dem Zug zusammenstürzte.

Dieses Unglück forderte 21 Menschenleben – einschließlich Lokführer und Lotse – und mehr als 40 Verletzte. Später fand man heraus, daß der Lokführer das Handrad, mit dem sowohl die elektrische Bremse als auch die Stromversorgung der Motoren gesteuert wurde, versehentlich auf 'Strom an' statt auf 'Bremse an' gestellt hatte. Die Lokomotive nahm also Strom auf und beschleunigte trotz des Drucks der Bremsklötze.

## Die Entgleisung in Sutton Coldfield bei Birmingham, 1955

**Als am 23. Januar 1955 in Sutton Coldfield ein Zug bei überhöhter Geschwindigkeit außer Kontrolle geriet, blieb keine Zeit für Panik.** In weniger als einer Minute war alles vorbei. Sutton Coldfield liegt an einer Vorortstrecke zwischen Birmingham und Lichfield Oberer Bahnhof (der untere gehört zur Trent-Valley-Line). Aus Richtung Lichfield befindet sich vor dem Bahnhof eine ziemlich scharfe Kurve, in der das Tempolimit 1955 bei 65 km/h lag. Dann folgt ein Tunnel, und danach führt eine sehr scharfe Linkskurve zwischen den Bahnsteigen hindurch. In dieser Kurve war die Geschwindigkeit auf 50 km/h begrenzt. Die Strecke wurde zwar normalerweise nur von Vorortzügen befahren, diente aber auch als Umleitungsstrecke zwischen Derby und Birmingham, wenn die Hauptstrecke über Tamworth wegen Bauarbeiten blockiert war.

So auch an jenem Sonntag. Der Lokführer für den Schnellzug York–Bristol um 12.15 Uhr kannte die Strecke durch Sutton Coldfield nicht und übergab die Dampflok (5 4-6-0) an einen Schaffner, der ebenfalls eine Lok bedienen konnte und die Umleitungsstrecke kannte. Allerdings war er meist mit Güter- oder Vor-

***Links: Die Hebevorrichtung eines Bergungskrans wird an der Lokomotive angebracht, die auf die Seite kippte, als sie die scharfe Kurve in Sutton Coldfield zu schnell befuhr. Rechts sind die zerstörten Wagen des entgleisten Zuges zu sehen .***

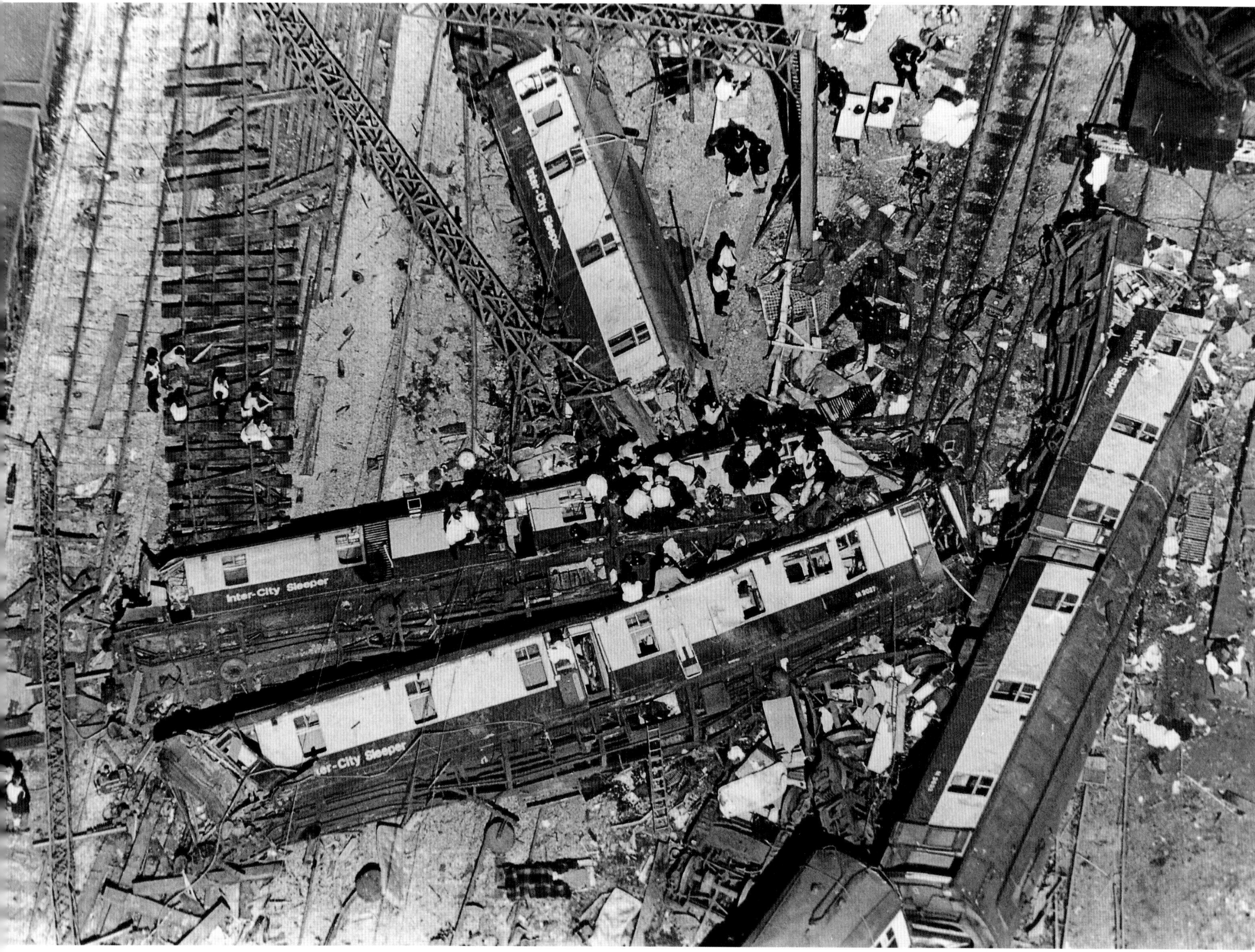
Inter-City Sleeper
Inter-City Sleeper
Inter-City Sleeper
Inter-City Sleeper

ortzügen durch Sutton Coldfield gefahren, kaum jemals mit Schnellzügen. Er mißachtete das Limit von 65 km/h in der Rechtskurve und fuhr auch viel zu schnell in den Tunnel ein. Als sich die Lokomotive schließlich der Kurve durch den Bahnhof näherte, betrug die Geschwindigkeit statt der erlaubten 50 km/h ca. 100 km/h. Die Lok schoß auf den gegenüberliegenden Bahnsteig zu, und die ersten Wagen wurden über beide Gleise geschleudert. Der Bahnsteig und zwei Wagen wurden zerstört. Von den ungefähr 300 Fahrgästen starben 14, außerdem kamen drei Mitglieder der Lokbesatzung um. Der eigentliche Lokführer überlebte.
Das Tempolimit war nicht angezeigt, sondern lediglich in den Vorschriften angegeben. Von den Lokführern wurde erwartet, daß sie die Vorgaben auswendig kannten. Nach der Untersuchung dieser Katastrophe wurde die Forderung erhoben, Geschwindigkeitsbegrenzungen anzuzeigen, so wie es auf Bahnstrecken in Ostengland schon länger praktiziert wurde. Doch selbst das erwies sich als unzureichend. Im Mai 1969 entgleiste auf der Hauptstrecke an der Ostküste von London nach Schottland ein Zug, der in Morpeth mit 130 km/h durch eine Kurve fuhr, in der 65 km/h erlaubt waren. Nach diesem Unfall wurden in Großbritannien an ausgewählten Streckenabschnitten mit Geschwindigkeitsbegrenzungen Vorwarnzeichen und automatische Warnsysteme (AWS) installiert.

## Die Entgleisungen von Nuneaton, 1975, und Argenton-sur-Creuse, 1985

**Zeitweilige Geschwindigkeitsbegrenzungen – etwa infolge von Bauarbeiten an Gleisen, Brücken oder anderen Streckeneinrichtungen –** werden fast immer durch entsprechende Markierungen angekündigt, aus denen sowohl das Tempolimit als auch die Punkte, zwischen denen sie gelten, erkennbar sind. Im Normalfall gibt es (a) ein Vorwarnzeichen an der Stelle, an der mit dem Abbremsen begonnen werden muß, (b) ein weiteres Zeichen zu Beginn der Geschwindigkeitsbegrenzung, wo der Zug schon nicht mehr schneller sein darf, als es das Tempolimit vorschreibt, und (c) ein weiteres dort, wo der Zug wieder auf Normalgeschwindigkeit beschleunigen kann. Diese Zeichen müssen auch nachts sichtbar sein. In Großbritannien wurden sie anfangs mit Öllampen von innen beleuchtet. Später verwendete man entweder Gaslampen oder strahlte die Zeichen von außen mit Scheinwerfern an.
Im Jahr 1975 wurden in dem an der Hauptstrecke von London-Euston liegenden Bahnhof Nuneaton die Gleise erneuert. Für die jeweils befahrbaren Abschnitte, die an den Verbindungsstellen von alten und neuen Gleisen z.T. kurze enge Kurven aufwiesen, galt ein Tempolimit von 32 km/h. 1,6 km vor dem Bahnhof befand sich das Vorwarnzeichen. Es wurde von Gaslampen erleuchtet und zeigte zwei horizontale gelbe Linien sowie schemenhaft die Zahlen der zulässigen Höchstgeschwindigkeit. Am Abend des 5. Juni ging jedoch das Flaschengas zur Neige, und der Reservebehälter war nicht sachgemäß angeschlossen worden. Am späten Abend passierten noch einige Züge die schwächer werdenden Lichter, ehe diese schließlich ganz erloschen. Dann näherte sich der Schlafwagenzug nach Glasgow, der 22.30 Uhr in Euston abgefahren war. Der Zug hatte Verspätung, und der Lokführer versuchte, die Zeit wieder aufzuholen. Er hielt nach den Lichtern Ausschau, konnte sie jedoch nicht sehen. Zu spät erkannte er, daß er das Vorwarnzeichen verpaßt haben mußte. Als er kurz vor dem Bahnhof das den Beginn der Geschwindigkeitsbegrenzung anzeigende Schild sah, fuhr der Zug immer noch mit 130 km/h.
Die E-Lok entgleiste, schob sich auf den Bahnsteig und ließ die Überdachung einstürzen. Die ersten Wagen wurden kreuz und quer über die Gleise geschleudert. Es grenzt an ein Wunder, daß nur sechs Personen ums Leben kamen. 38 wurden verletzt.
Dieses Unglück machte die Schwächen des Systems deutlich und führte zu Verbesserungen bei den Warnschildern und zum Einsatz von AWS-Gleistechnik, die bei anstehenden Geschwindigkeitsbegrenzungen im Führerstand ein akustisches Warnsignal ertönen läßt.
Zehn Jahre später ließ sich im französischen Argenton an der Hauptstrecke von Paris nach Toulouse ein anderer Lokführer von einer zeitweiligen Geschwindigkeitsbegrenzung verwirren. Er nahm die Warnung zwar zur Kenntnis, bremste aber nicht, weil er dachte, das den Beginn des Tempolimits anzeigende Schild wäre ein zweites Vorwarnzeichen. An dieser Stelle hätte die Geschwindigkeit nur noch 32 km/h betragen dürfen, lag aber noch weit darüber. Der Zug entgleiste. Doch es kam noch schlimmer, denn ein entgegenkommender Zug raste in die Unglücksstelle. 43 Menschen starben.

## Der Zusammenstoß im Pariser Gare de Lyon, 1988

**Eine der schlimmsten durch überhöhte Geschwindigkeit verursachten Katastrophen der jüngeren Vergangenheit ereignete sich am 27. Juni 1988 im Pariser Gare de Lyon.** Dieser Bahnhof besteht aus einem Fernbahnhof und einer Station für Nahverkehrszüge, die sich direkt unterhalb der Fernbahnsteige befindet. Diese Station ist ein Kopfbahnhof mit

**EMPFEHLUNGEN**

Nach den Ermittlungen von Nuneaton wurden verbesserte Warnsysteme bei zeitweiligen Tempolimits und eine bessere Beleuchtung der Schilder gefordert. Vorwarnzeichen wurden mit AWS-Magneten ausgerüstet.

***Gegenüberliegende Seite:* Luftaufnahme der entgleisten Schlafwagen im Bahnhof Nuneaton, Juni 1975. Bei diesem Unglück kamen sechs Passagiere und Angehörige des Zugpersonals um.**

***Rechts: Die stark deformierten Wagen im Pariser Bahnhof Gare de Lyon. Ein außer Kontrolle geratener Nahverkehrszug war im Juni 1988 auf dem abschüssigen Gleis gegen einen abfahrbereiten Zug geprallt.***

vier Gleisen, die zu ebener Erde in die Gleise der Hauptstrecke einmünden und daher ein erhebliches Gefälle aufweisen.

Ein elektrisch betriebener Vorortzug aus Melun hatte fast eine halbe Stunde Verspätung, weil ein Fahrgast die Notbremse gezogen hatte. Da Fahrer und Schaffner keine Unregelmäßigkeiten entdecken konnten, versuchten sie, den Alarm zurückzustellen, damit sich die Bremsen lösen konnten. Der Fahrer – noch etwas durcheinander – betätigte ein Absperrventil, ohne sich klarzumachen, daß er soeben in einem Großteil des Zuges die Bremsen deaktiviert hatte. Als der Zug auf das in die unterirdische Station führende stark abschüssige Gleis einfuhr, erhöhte sich seine Geschwindigkeit rapide. Aus irgendeinem Grund betätigte der Fahrer die elektrische Bremse nicht, sondern verließ sich auf die automatische Druckluftbremse, die aber nicht durchgehend funktionierte. Der Fahrer kündigte dem Stationsvorsteher über Funk an, daß er nicht stoppen konnte; nachdem er vor dem Bahnhof verschiedene Haltesignale überfahren hatte, stieß der Zug frontal mit einem anderen Zug vom gleichen Typ zusammen, der vollbesetzt mit Pendlern abfahrbereit am Bahnsteig stand. 59 Menschen kamen ums Leben, außerdem gab es 32 Verletzte.

Durch diese Katastrophe wuchs der Druck, bei der Zugsicherung mehr auf automatische Geschwindigkeitsüberwachung zu setzen. Die Absperrventile wurden abgeschafft, so daß die Bremsleitungen zwischen einzelnen Wagen von Nahverkehrszügen nicht mehr unterbrochen werden konnten.

# Der Pendolino-Unfall bei Piacenza, 1997

**Seit 25 Jahren arbeiten Ingenieure an der Entwicklung von Zügen mit Neigetechnik,** die in der Lage sind, Kurven auf bestehenden Strecken (die in den letzten hundert Jahren gebaut wurden) schneller zu befahren als herkömmliche Züge. Die Wagen schmiegen oder lehnen sich in die Kurve wie ein Motorradfahrer. Der Komfort für die Passagiere wird erhöht, da sie nicht mehr zur Seite geschleudert werden wie früher bei der gleichen Geschwindigkeit. Anfang der 80er Jahre testete British Rail den sog. Advanced Passenger Train, einen Zug mit Neigetechnik, der sich aber als nicht betriebssicher erwies. Die zur Zeit im Einsatz befindlichen Neigezüge werden in Italien und Schweden hergestellt.

Der italienische Pendolino wird in Italien und der Schweiz zunehmend eingesetzt, u.a. auf der Strecke Mailand–Rom. Er kann Kurven mit einer ca. 20–25 km/h höheren Geschwindigkeit als andere Züge durchfahren. Am 12. Januar 1997 betrug die Geschwindigkeit eines Pendolino in einer Kurve bei Piacenza allerdings ca. 160 km/h anstelle der zulässigen 105 km/h. Acht der neun Wagen entgleisten, die meisten kippten auf die Seite. Der erste Wagen wurde von vorn bis hinten aufgerissen. Dabei starben 8 Menschen, 29 wurden verletzt. Sechs der Todesopfer gehörten zum Zugpersonal, darunter auch die Lokführer.

In Italien sind automatische Zugsicherungsanlagen zur Geschwindigkeitsüberwachung noch nicht auf allen Strecken vorhanden, doch die Kurve bei Piacenza war mit einem Tempolimit-Sensor ausgerüstet. Erste Ermittlungen ergaben, daß der Sensor auf eine zu hohe Geschwindigkeit eingestellt war und damit den zu schnellen Zug nicht warnen konnte.

**AUSWIRKUNGEN**

Das Unglück von Piacenza wurde durch überhöhte Geschwindigkeit, vielleicht auch durch einen falsch eingestellten Grenzwertgeber verursacht.

***Links:** Die Trümmer des Pendolino, der bei Piacenza zu schnell in eine Kurve einfuhr und umkippte. Ein Wagen wurde aufgerissen, acht Menschen starben.*

# KAPITEL 7

# TECHNISCHE MÄNGEL

Zu den schlimmsten Fällen technischen Versagens gehört der Einsturz von Brücken, vor allem dann, wenn sich zufällig gerade ein Zug darauf befindet. Hochwasser und reißende Ströme nach schweren Regenfällen können verheerende Folgen haben, obwohl die entfesselten Elemente nicht immer die alleinige Schuld an Katastrophen tragen.

**Im Mai 1847 überquerte ein Zug auf der Fahrt von Chester nach Ruabon die Brücke über den Dee, als der Lokführer bemerkte, wie sich die Brücke bewegte.** Er beschleunigte, doch gerade als die Lok die andere Seite erreichte, stürzte die Brücke in den Fluß. Kohle- und Reisewagen wurden mitgerissen, wobei fünf Menschen, unter ihnen vier Eisenbahner, umkamen. Die von Robert Stephenson gebaute Brücke hatte gußeiserne Träger. Bei der Untersuchung des gebrochenen Teils zeigte sich der Nachteil von Gußeisen. Das Material war spröde und hielt keine hohen Spannungen aus. Deshalb warnte man die Ingenieure davor, diesen Werkstoff weiter für Brückenträger einzusetzen. Robert Stephenson mußte sich neben den Ermittlungen zur Unglücksursache auch einem Gerichtsverfahren stellen, wurde jedoch entlastet. Schmiedeeisen erwies sich als belastbarer und kam daher bei zahlreichen Brükkenbauten zum Einsatz bis es im weiteren Verlauf des 19. Jh. durch Stahl ersetzt wurde.

**Ein zweiter Zug passierte das Freisignal und rammte den ersten. Einige Sekunden später fuhr ein dritter Zug, der zum Glück leer war, aus der Gegenrichtung in den Trümmerberg.**

Ein ähnliches Unglück, allerdings mit weitaus schwerwiegenden Folgen, ereignete sich 1876 am Ashtabula Creek im Bundesstaat Ohio. Der von New York kommende Pazifik-Expreß in Richtung Westen wurde von zwei Lokomotiven gezogen. Als er die in reichlich 20 m über den Fluß führende Brücke überquerte, bemerkte der erste Lokführer, daß sich die Brücke bewegte. Verzweifelt gab er mehr Dampf. Seine Lok hatte gerade die Gegenseite erreicht als die Brücke hinter ihm zusammenbrach. Die Kupplung zur zweiten Lok brach, so daß diese mit allen sieben Wagen samt der Brücke in die Tiefe stürzte. Die hölzernen Wagen wurden von Öllampen beleuchtet und mit Kohle beheizt; deshalb dauerte es nur wenige Minuten, bis sie Feuer gefangen hatten. Die genaue Zahl der Fahrgäste im Zug ist nicht bekannt. Nur 52 konnten gerettet werden. Offiziell sprach man von 83 Toten, doch der Brand könnte weitaus mehr Opfer gefordert haben. Bei der Brücke handelte es sich um eine Fachwerkträgerkonstruktion, die schon bei ihrem Bau 13 Jahre zuvor von verschiedenen Ingenieuren kritisiert worden war. Welche Materialfehler auch immer verantwortlich waren, das Unglück führte jedenfalls dazu, daß 1887 ein Gesetz über die Berichterstattung und die Ermittlungen bei Eisenbahnunglücken mit Todesopfern in den USA verabschiedet wurde, so daß für die Zukunft entsprechende Sicherheitsvorschriften erlassen werden konnten.

Das zweifellos schwerste Brückenunglück in Großbritannien war

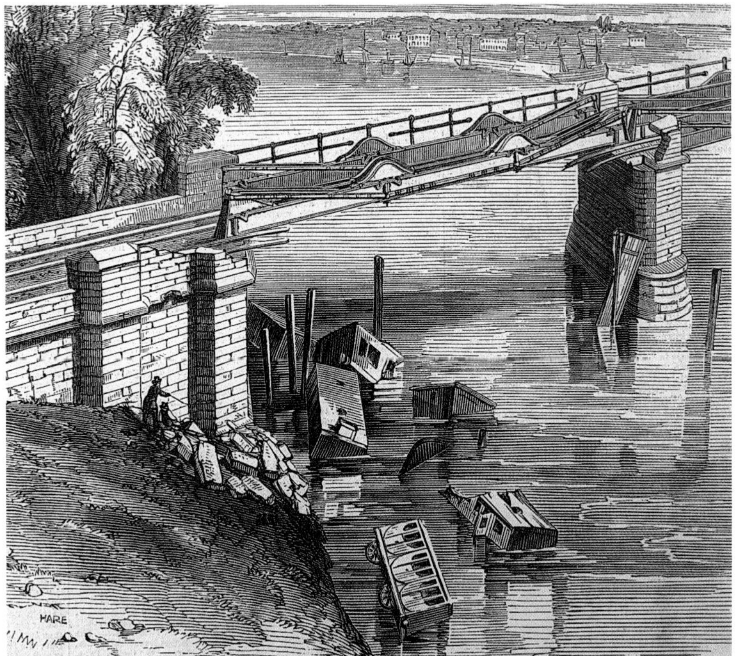

***Links:* Das Unglück von Clapham Junction 1988. Als ein Zug wegen eines falsch gestellten Signals mit einem anderen zusammenstieß, wurden einige Wagen in den Fahrtweg eines leeren Zuges geschleudert. 35 Passagiere starben.**

***Rechts:* Die gebrochenen Eisenträger der Dee Bridge in Chester, bei deren Einsturz ein Zug in die Tiefe gerissen wurde.**

das an der Tay Bridge im Jahre 1879. Das Bauwerk war mit 3,6 km die längste Eisenbahnbrücke des Landes (und damals auch der Welt) und überspannte eine Flußmündung. Durch die Gezeiten waren ihre Fundamente und Pfeiler den Kräften von Ebbe und Flut voll ausgesetzt; dazu kamen Wind und Wetter. Schon beim Bau hatte es Probleme gegeben. Die Ingenieure waren vom Vorhandensein starker Gesteinsschichten am Grund ausgegangen, in denen die Fundamente verankert werden konnten. Dies erwies sich jedoch als Trugschluß, denn der Untergrund im Flußbett gab fast überall nach. Daher mauerte man für die sechs senkrechten Säulen aus Gußeisen, die jeweils einen Pfeiler bildeten, ein Fundament. Die mit Beton gefüllten Säulen bestanden aus miteinander verschraubten Teilstücken. Nicht weniger als sieben davon mußten übereinander gesetzt werden, um die notwendige Höhe zu erreichen. Die Säulen wurden von schmiedeeisernen Querstreben zusammengehalten, welche ihrerseits wiederum mit Stützen verbunden waren. Die Pfeiler trugen die versteiften schmiedeeisernen Träger, auf denen die eingleisige Bahnstrecke entlangführte. Schon bei der offiziellen Abnahme im Jahre 1878 wurden Bedenken geäußert, welche Auswirkungen Stürme auf das Bauwerk haben könnten. Nach einigen Monaten entdeckte man, daß sich Querstreben gelockert hatten, die daraufhin regelmäßig nachgezogen wurden. Man stellte ferner fest, daß einige der Stützen an den gußeisernen Säulen Schäden durch unsachgemäße Herstellung aufwiesen.

Der Abend des 28. Dezember 1879, ein Sonntag, war naß und stürmisch mit starken Windspitzen. Der Nachmittagszug nach Dundee, der in Burntisland die Fahrgäste aufnahm, welche mit der Fähre aus Edinburgh über den Firth of Forth gekommen waren, mußte diesen nach der bewegten Überfahrt wie ein sicherer Hafen vorkommen. Der Sturm wehte heftig, als der Zug auf das Gleis über die Tay Bridge fuhr.

Er hatte einen Teil der Strecke zurückgelegt, als Beobachter am Ufer sahen, wie Funken und Flammen in den Fluß stoben. Allerdings blieb es nicht bei Funken. An der Stelle, an der das Gleis über die Hauptträger führte, stürzte der gesamte, 13 Bögen umfassende Mittelteil der Brücke in den Fluß und riß den Zug mit sich. Es gab keinen einzigen Überlebenden. Die genaue Zahl der Fahrgäste war zwar unbekannt, da die Fahrkarten schon an einem früheren Bahnhof eingesammelt worden waren, doch nach einer Untersuchung ging man von 80 Todesopfern, einschließlich Zugpersonal, aus. Die Lokomotive wurde später aus dem Schlamm im Flußbett geborgen und wieder einsatzfähig gemacht.

Die Ermittlungen des technischen Ausschusses im Rahmen der gerichtlichen Untersuchung ergaben, daß die Brücke schlecht projektiert, mangelhaft gebaut und unzureichend gewartet war. 1887 wurde die neue, bis heute genutzte Brücke eingeweiht. Der Einsturz der alten Brücke führte auf erschreckende Weise vor Augen, daß bei

der Planung von Brücken auch Stürme ins Kalkül gezogen und beim Bau widerstandsfähige Werkstoffe verwendet werden müssen, wie z.B. Schmiedeeisen oder vorzugsweise Stahl anstelle von Gußeisen.
Am Ende des 19. Jh. ereignete sich ein weiterer schlimmer Brückeneinsturz aufgrund von Konstruktionsmängeln. Diesmal traf es das Land, das sich beim Bau von Bahnstrecken durch unwegsames Gelände der besten Brückenbauer der Welt rühmte: die Schweiz. Am Sonntag, dem 14. Juni 1891, wiederholte sich Ashtabula Creek (siehe S. 63) in Münchenstein, kurz hinter Basel. Die Brücke über die Birs war von Gustave Eiffel (1832–1923), dem berühmten Erbauer des Eiffelturms, entworfen, gebaut und 1875 fertiggestellt worden. Die Konstruktion mit dreieckigem Tragwerk war ungewöhnlich für eine Eisenbrücke. Einer der Pfeiler war 1881 durch Hochwasser beschädigt und danach repariert worden. Neun Jahre später verstärkte man einen Teil der Stützkonstruktion, damit schwerere Züge passieren konnten. Am 42 m langen Hauptbogen unterließ man dies jedoch.
An jenem Sonntag fuhr ein schwerer, aus 13 Wagen bestehender und von zwei Loks gezogener Zug von Basel mit Zielbahnhof Delemont auf die Brücke. Zuerst bemerkten das Personal, daß die Loks nach rechts ausbrachen. Dann fielen sie in die ca. 10 m darunter fließende Birs, als der Bogen von der Mitte her einstürzte. Die beiden Loks und die sieben vorderen Wagen bildeten einen Trümmerhaufen inmitten der herausgerissenen und in sich verdrehten Eisenteile. Ein Wagen hing über der Kante des Pfeilers auf der Baseler Seite. Fünf Wagen blieben im Gleis. Die Fallhöhe war geringer als am Ashtabula Creek oder am Tay, aber trotzdem starben 71 Menschen, darunter der Führer der ersten Lokomotive, und 171 wurden verletzt. Wie beim Unglück am Tay 12 Jahre zuvor ergab die Untersuchung der Birs-Brücke, daß sie für die zugemuteten Lasten nicht tragfähig genug war. Die eisernen Bauteile waren zu schwach und die Konstruktion mangelhaft.
Das Unglück an der Birs beeinflußte den Bau von Bahnstrecken in ganz Europa, wo man die notwendigen Lehren zog.

## Contich, Belgien, 1908 und Buttevant, Irland, 1980

**Zwischen diesen beiden Unglücksfällen liegen zwar 72 Jahre, aber die Ursache ist bei beiden gleich.** Nach der Entwicklung von Verriegelungsanlagen für Signal- und Weichenhebel wurden diese in vielen Ländern schrittweise eingeführt. In Großbritannien wurde jene Technik auf Personenzugstrecken im Gesetz über die Regelung des Eisenbahnverkehrs von 1889 verankert. Irland, das damals zu Großbritannien gehörte, übernahm diese Regelungen und Vorschriften.
Der Bahnhof von Contich an der Hauptstrecke Antwerpen-Brüssel verfügte 1908 über ein solches System, das aber im Mai gerade repariert und teilweise erneuert wurde. Die Hebel wurden nacheinander von den Signal- und Weichenkabeln getrennt. Daraufhin traten draußen Männer in Aktion, die unter Anleitung eines Blockwärters ggf. Drähte per Hand bewegten, Ausgleichsgewichte aufzogen und die Weichen manuell mit Hilfe von Stangen stellten.
Am Morgen des 21. Mai wurde am Hebel für das Einfahrtsignal in den Bahnhof Contich gearbeitet. Dessen Bahnsteig lag an einer vom Hauptgleis abzweigenden Gleisschleife. Die Weichen wurden zwar normal vom Stellwerk aus gestellt, doch das Signal mußte per Hand betätigt werden. Gerade war ein Personenzug am Bahnsteig eingefahren, und in wenigen Minuten sollte der Schnellzug von Antwerpen nach Brüssel durchfahren. Der Blockwärter wies den Mann draußen an, das Signal für den Schnellzug auf 'freie Fahrt' zu stellen, vergaß aber, daß die Weiche noch in Richtung Gleisschleife gestellt war. Der Lokführer des Schnellzugs mußte mit ansehen, wie sein Zug plötzlich in die Gleisschleife einbog und am Bahnsteig das Ende des haltenden Personenzuges rammte. Es gab 40 Tote und über 100 Verletzte, hauptsächlich dadurch, daß die Schnellzug-Lokomotive die hölzernen Wagen des Personenzuges zerstörte.
Am 1. August 1980 im irischen Buttevant war nur ein Zug betroffen, doch die Umstände waren dieselben wie in Contich. Wegen Reparaturarbeiten waren Stellwerkshebel außer Betrieb genommen worden, so daß die Verriegelungssicherheit nicht mehr gewährleistet war. Buttevant liegt an der Hauptstrecke von Dublin nach Cork. Der Bahnhof war zwar einige Jahre zuvor stillgelegt worden, es gab aber noch ein Stellwerk zur Überwachung eines Bahnübergangs, eines Gleisverbinders sowie von Weichen an Ausweichgleisen für Bauzüge.
Einige Monate vorher war in Buttevant die Gleislage verändert worden, wobei alte Weichen durch neue ersetzt wurden. Die Arbeiten am Stellwerk waren noch nicht beendet. Die Weichen am Ausweichgleis zeigten in Richtung der Züge von Dublin nach Cork, waren aber nicht mit einem Hebel verbunden. Die neuen Zungenweichen hätten laut den Vorschriften für nicht benutzte Weichen verriegelt und mit einem Vorhängeschloß versehen werden müssen. Die Bestimmungen erlaubten ihren Betrieb nur unter ganz genau festgelegten Bedingungen: Bei Zugverkehr auf dem Hauptgleis mußten die Signale ständig auf "Halt" stehen. Vorbeifahrende Züge mußten äußerst langsam fahren und durch Flaggensignale geleitet werden.
An jenem Tag wurden die Vorschriften allerdings nicht eingehalten, nachdem man sie schon einige Wochen lang ignoriert hatte. Die Ausweichgleise wurden von Bauzügen benutzt. Dafür wurden die Weichen manuell mit einer Brechstange gestellt; die Anweisungen dafür gab der Wärter. Die normalen Signale wurden vom Stellwerk aus betätigt, ohne daß die Verriegelung mit den zuge-

**EMPFEHLUNGEN**

Der Untersuchungsbericht von Buttevant verweist auf die Notwendigkeit, bei Gleis- und Signalarbeiten die geltenden Betriebsvorschriften genau einzuhalten.

***Gegenüberliegende Seite:* Vergebliche Suche nach Überlebenden nach dem Einsturz der Tay Bridge bei Sturm 1879. Der gesamte Mittelteil der Brücke mit dem Zug, der in der Trägerkonstruktion gefangen war, stürzte in den Fluß. Es gab keine Überlebenden.**

**EMPFEHLUNGEN**
Die Ermittlungen zum Unglück von Bihta führten zu einer baulichen Veränderung an der Lok vom Typ „Pacific" (4-6-2), die dadurch ruhiger fuhr und nicht mehr ausschwenkte. Das Gewicht wurde gleichmäßiger verteilt.

hörigen Weichen gewährleistet war. Der Mann an der Weiche sah eine Lokomotive vom Süden kommen und nahm an, es handele sich um den nächsten Zug, der auf das Ausweichgleis wollte. Er stellte die Weichen entsprechend. Der Blockwärter, der dies nicht gesehen hatte, regelte jedoch alle Signale für den 10 Uhr-Expreß von Dublin nach Cork. Der Schnellzug näherte sich seiner Falle mit voller Fahrt. Der Blockwärter merkte zwar im letzten Moment, was der Weichensteller getan hatte, und stellte die Signale für den Schnellzug wieder auf 'Halt', doch dieser schoß bereits auf das Ausweichgleis. Die Wagen türmten sich hinter der Diesellok auf, wobei die vorderen regelrecht zu Kleinholz zerlegt wurden. Insgesamt wurden 18 Menschen – darunter zwei Mitglieder der Zugbesatzung – getötet und 75 verletzt.
Obwohl das Unglück unmittelbar auf eine falsche Annahme des Weichenstellers zurückzuführen war, wurde zugleich deutlich, daß die geltenden Vorschriften auf allen Ebenen und von allen technischen Abteilungen, die mit der Linie zu tun hatten, mißachtet worden waren.

## Die Entgleisung in Bihta, Indien, 1937

**Bei der Entgleisung des aus dem Punjab kommenden Nachtexpreß nach Kalkutta mit Tempo 100 km/h auf gerader Strecke kamen über 100 Fahrgäste ums Leben.** Es folgte eine Reihe offizieller Untersuchungen seitens der indischen Regierung und der Kolonialmacht Großbritannien, um eventuelle politische Hintergründe auszuschließen. Eine Kommission renommierter Ingenieure aus Großbritannien, Frankreich und Indien unter Leitung des britischen Eisenbahn-Chefinspektors ermittelte als Ursache einen Konstruktionsfehler an der Lokomotive vom Typ "Pacific". Aufgrund mangelhafter Federung an Vorder- und Hinterrädern hatte die Lok zuviel Seitenspiel, wodurch die Gleise beschädigt wurden. Dieser Effekt trat vor allem bei weichem Boden unter dem Gleisbett auf und wurde durch schwere Monsunregen noch verstärkt. Die Kommission ermittelte, daß auch frühere Entgleisungen und Gleisschäden darauf zurückzuführen waren.

## Die Entgleisung von Frankford Junction, Philadelphia, 1943

**Die Gefahr durch überhitzte Achslager wurde deutlich, als im September 1943 ein Schnellzug von Washington nach New York in Frankford Junction entgleiste.** Schon seit den frühen Tagen der Eisenbahn befanden sich die Achsenden in Achsführungen mit Gleitlagern, die meist aus Weißguß bestanden und anfangs mit Fett, später mit ölgetränkten Kissen geschmiert wurden. Wurde die Achsführung nicht regelmäßig geschmiert, lief das Lager heiß. Lange Zeit war deshalb der sog. „Radklopfer" ein vertrauter Anblick bei der Bahn. Auf jedem Bahnhof ging er am Zug entlang, schlug die Räder an und achtete auf den nachklingenden Ton. Der Klang signalisierte ihm, ob alles in Ordnung war. Dann legte er die Hand auf die Achsführung und prüfte, ob diese sich erwärmt hatte. Durch Überhitzung konnte leicht ein Brand entstehen, wenn hölzerne Wagen Feuer fingen. Oder die stählerne Achse erhitzte sich bis zum Glühen. Das Metall verschliß und gab nach, so daß die Räder nicht mehr fest in den Achsführungen gehalten wurden und eine Entgleisung unvermeidlich war.
Das Unglück von Frankford Junction war eines der schwersten, das auf eine solche Ursache zurückzuführen war. In einem Gleitlager unter dem Speisewagen hatte sich die Achse derart erhitzt, daß ihr Ende abbrach und den Wagen entgleisen ließ. Dieser kippte unglücklicherweise seitlich gegen eine Signalbrücke, die ihn durchtrennte. Es gab 79 Tote und 103 Verletzte.
Der Einsatz von Kugellagern, die damals schon in vielen amerikanischen Zügen verwendet wurden, schaffte Abhilfe. In den letzten 50 Jahren haben sie sich in Personen- und Güterwagen weltweit durchgesetzt. Aber selbst Kugellager mit langen Schmierintervallen müssen gewartet werden, und defekte Achslager kommen immer noch vor. Heute gibt es Streckentechnik, die heißgelaufene Lager entdeckt und das Kontrollzentrum warnt oder ein Funksignal an die Lokbesatzung ausgibt.

## Der Zusammenstoß in Lichfield, Staffordshire, 1946

**In Verriegelungssystemen müßten Signal- und Weichenstellung übereinstimmen. Das dachte man zumindest bis zum Neujahrstag 1946.** Wir haben am Beispiel von Tamworth 1870 (siehe S. 22) bereits gesehen, was ansonsten passieren kann. Der nächste Bahnhof in nördliche Richtung, Lichfield Trent Valley, war ähnlich angelegt. Auch hier waren die Bahnsteige über Gleisschleifen erreichbar, die von einer zweigleisigen Hauptstrecke abzweigten. 1946 verfügte der Bahnhof schon mehr als 70 Jahre lang über ein vollständiges Verriegelungssystem.
Ein südwärts fahrender Personenzug von Stafford nach Rugby wurde in die Gleisschleife eingewiesen, wo er warten sollte, bis ein Expreß-Güterzug, der Fisch von Fleetwood nach London Broad Street brachte, durchgefahren war. Der Signalwärter gab dem

Personenzug vom Stellwerk Armitage, dem nächstgelegenen aus Richtung Norden, freie Fahrt und nahm dann den Fisch-Zug in Richtung Süden an. Er entriegelte die Weichen, über die der Personenzug auf das Bahnsteiggleis gefahren war, und betätigte dann den Hebel, um die Weichen für das Hauptgleis zu stellen. Er verriegelte sie wieder und stellte die Signale für den Fisch-Zug auf freie Fahrt.

Dieser näherte sich mit mehr als 65 km/h, fuhr jedoch plötzlich in die abzweigende Gleisschleife. Er schob alle vier Wagen des Personenzuges zusammen, wobei 20 Fahrgäste getötet und die meisten anderen verletzt wurden. Die Ermittlungen ergaben, daß an diesem bitterkalten Abend gefrorener Schotter dazu geführt hatte, daß sich der Weichenriegel und der dazugehörige Grenzschieber nicht bewegten, als der Signalwärter den Verriegelungshebel betätigte: Er legte den Hebel um, doch die Weichen reagierten nicht. Die Weichenstellglieder veränderten ihre Position aber so, als wäre alles normal abgelaufen. Das hieß, die Weichen und Riegel waren so positioniert, daß die Durchfahrtsignale freigegeben wurden. Dieses Unglück war einer der seltenen Fälle, in denen in Großbritannien ein mechanisches Verriegelungssystem versagte.

***Unten: Die Trümmer der vier Wagen des Personenzuges aus Stafford auf dem Bahnhof von Lichfield. Ein mit Fisch beladener Güterexpreß war aufgefahren, weil Weichen in der falschen Position festgefroren waren.***

***Oben:* Rettungsmannschaften an einem umgekippten Wagen nach dem von einem Gleisbruch verursachten Unglück in Hither Green 1967.**

## Die Entgleisung von Hither Green, London, 1967

**Als die Gleise noch aus Eisen bestanden, kamen Gleisbrüche relativ häufig vor. Deshalb mußten die Gleise täglich inspiziert werden.** Stahlgleise waren viel stärker belastbar, doch die Verschraubungslöcher an den Enden, wo ein Gleisstück durch eine verschraubte Schienenlasche mit einem anderen verbunden wurde, waren anfällig. Das Grundprinzip dieser Verbindung bestand darin, sie zum einen haltbar zu machen, zum anderen aber auch den nötigen Spielraum für die Ausdehnung der Gleise bei hohen Temperaturen zu lassen. An den Löchern konnten Risse entstehen, die sich – wenn sie nicht rechtzeitig entdeckt wurden – so weit vergrößern konnten, bis ganze Stücke aus den Gleisen brachen, was tödliche Folgen haben konnte. Seit 50 Jahren werden die Gleisenden verschweißt, um diese Gefahr zu verringern.

In Hither Green, einem südlichen Vorort Londons, ereignete sich am Abend des 5. November 1967 ein Unglück, das die schrecklichen Folgen eines Gleisbruchs vor Augen führte. Ein 14 cm langes Gleisstück sprang bei der Durchfahrt eines vollbesetzten Zuges mit 12 Wagen von Hastings nach London Charing Cross weg. Die Vorderräder des dritten Wagens entgleisten, aber der Zug fuhr noch ca. 400 m weiter, bis die entgleisten Räder an kreuzende Gleise stießen. Dadurch entgleisten alle übrigen Wagen mit Ausnahme des ersten ebenfalls. Vier Wagen kippten um und wurden auf der Seite liegend mitgeschleift. In diesen Wagen gab es die meisten Opfer. Insgesamt starben 49 Passagiere, fast 80 wurden verletzt.

Bei den Ermittlungen wurde festgestellt, daß die Wartung der Gleise nicht in ausreichendem Maße erfolgt war. An der Bruchstelle hatte man längere Gleisabschnitte mit kürzeren Füllstücken verbunden; einige davon lagen auf Holz-, andere auf Betonschwellen. Dadurch waren die Schienen ungleichmäßigen Belastungen ausgesetzt. Hochwertigere Gleise und bessere Wartung hätten dies verhindern können.

## Der Tunneleinsturz in Vierzy, Frankreich, 1972

**Vierzy liegt etwa 100 km nordöstlich von Paris an der Strecke vom Pariser Gare du Nord nach Hirson,** die an diesem Knotenpunkt die nach Süden führende Strecke Lille–Basel kreuzt. Eine der schlimmsten Blockierungskatastrophen ereignete sich dort am 17. Juni 1972, als im Tunnel von Vierzy Teile der Auskleidung ausbrachen und auf die Gleise fielen. Die Betontrümmer wurden nicht entdeckt und unterbrachen auch die Signalleitungen nicht. Das Schicksal wollte es, daß fast zur gleichen Zeit zwei Züge mit Diesselloks aus unterschiedlichen Richtungen in den Tunnel einfuhren. Sie prallten gegen die Trümmer, die vom Tunneleingang aus nicht zu sehen waren, entgleisten und bildeten ein riesiges, in sich verkeiltes Wrack. Die bei der Kollision freigesetzte kinetische Energie konnte sich nur durch die Wagen verteilen, die von den Tunnelwänden aufgehalten wurden. Das Ergebnis war eines der schwersten Eisenbahnunglücke in Friedenszeiten in Frankreich: 108 Menschen kamen ums Leben, 240 wurden verletzt.

# Die Entgleisung und der Brükkeneinsturz von Sydney, 1977

**Erinnerungen an das Unglück von St. Johns (siehe S. 32) wurden wach, als sich im Januar 1977 in einem Vorort von Sydney in Australien ein folgenschweres Unglück ereignete.** Ein Personenzug fuhr langsam über einen schlecht gewarteten Streckenabschnitt, wobei einige Wagen entgleisten. An einer anderen Stelle hätte das nur eine kleine Schrecksekunde für die Passagiere bedeutet. Doch der Zufall wollte es, daß sich der Zug gerade unter einer Straßenüberführung befand. Die entgleisten Wagen prallten gegen Stützpfeiler, und die Brücke stürzte auf die Wagen, von denen zwei völlig zusammengequetscht wurden. 83 Fahrgäste starben, und mehr als 200 wurden verletzt. Dieses Unglück legt beredtes Zeugnis davon ab, welch schlimme Folgen eine nachlässige Gleiswartung haben kann.

**EMPFEHLUNGEN**

Das Unglück von Sydney war vor allem auf schlechte Wartung zurückzuführen, deshalb wurden die Wartungsstandards erhöht und mehr Gelder bereitgestellt. Die Vorortstrecken von Sydney wurden umgehend überprüft.

***Links:** Luftaufnahme der Straßenüberführung in Sydney, die auf einen Zug stürzte, nachdem entgleiste Wagen Stützpfeiler zerstört hatten. 83 Menschen kamen um.*

**AUSWIRKUNGEN**
Nach dem Unglück von Clapham wurde geprüft, auf welche Weise umfangreiche Signalerneuerungen durchgeführt wurden. Im Ergebnis der Untersuchung wurden die Verfahren zur Leitung, Planung und Ausführung der Arbeiten überarbeitet.

***Rechts:** Gesamtaufnahme der Unglücksstelle Clapham Junction. Rechts die beiden Züge, die zuerst zusammenstießen, links der dritte Zug, dessen vordere Wagen entgleisten.*

# Der Zusammenstoß von Clapham Junction, London, 1988

**Für Signaltechnologie gelten von jeher höchste Qualitätsanforderungen.** Man braucht nicht einmal die Finger einer Hand, um die Unglücksfälle, die in den letzten 60 Jahren in Großbritannien auf Fehler von Signaltechnikern zurückzuführen waren, zusammenzuzählen. Am Morgen des 12. Dezember 1988 kam es in Clapham Junction, dem britischen Bahnhof mit der höchsten Verkehrsdichte, jedoch zur Katastrophe, als ein einzelner Draht in einem Schaltraum einen falschen Kontakt zu einem Relais herstellte. Dadurch wurde ein Signal auf 'freie Fahrt' geschaltet, obwohl sich ein Zug auf der Strecke dahinter befand. Ein zweiter Zug passierte das Freisignal und stieß mit dem ersten zusammen. Nach einigen Sekunden fuhr ein aus der Gegenrichtung kommender dritter Zug, der zum Glück leer war, auch noch in den Trümmerberg. Ein Signaltechniker hatte bei der Neuverkabelung einen einzigen Fehler begangen und einen Draht nicht angeklemmt, wodurch dieser andere Anlagenteile berühren und Sicherheitsrelais umgehen konnte. 35 Passagiere bezahlten dies mit dem Leben, fast 70 weitere wurden verletzt.

Das Unglück war so schwerwiegend, daß eine gerichtliche Untersuchung angeordnet wurde. Dabei kam eine ganze Reihe von Problemen ans Licht, die bei der Signalerneuerung während des regulären Zugverkehrs auftreten konnten. Zu wenig qualifiziertes Personal (viele Techniker hatten kaum einen freien Tag) und schlechte Organisation waren die Hauptursachen dafür, daß nicht genügend Tests durchgeführt wurden und die Standards allgemein sanken. In den Medien wurde häufig darauf verwiesen, daß die unzureichende Bereitstellung finanzieller Mittel für British Rail seitens der Regierung der eigentliche Grund des Unglücks war. British Rail mußte tatsächlich zum einen mit immer weniger Geld auskommen, und zum anderen kämpfte man gegen einen immer größeren Rückstand bei der Erneuerung verschlissener Technik, die nicht schnell genug durch neue ersetzt werden konnte.

Einige Unglücksfälle – wie die Katastrophe von Clapham Junction – haben bei der Bahn zu technischen Neuerungen oder höheren Verkehrssicherheitsstandards geführt. Nach dem Unfall wurden die Arbeiten bei der Signalauswechslung besser organisiert.

***Links:** Die Rettungsmannschaften hatten in Clapham Junction enorme Schwierigkeiten, an die Überlebenden heranzukommen, die zwischen den verformten Wagen, weggeschleuderten Sitzen und Abteilwänden eingeschlossen waren.*

# KAPITEL 8

# BRÄNDE, ÜBERSCHWEMMUNGEN, SCHNEE

Man kann lange über Eisenbahnkatastrophen reden, die durch menschliches oder technisches Versagen verursacht wurden. Es gibt aber auch die, an denen jene Naturgewalten schuld sind, die der Mensch schon seit Urzeiten mit gemischten Gefühlen betrachtet: Feuer wärmt zwar, und Wasser löscht den Durst, doch beide können auch Tod bringen.

## Zugbrände

Gerät ein Zug während der Fahrt in Brand, kann dies in einer schrecklichen Katastrophe enden. Jedes Feuer muß nach seiner Entdeckung so schnell wie möglich gelöscht werden, denn schon eine kleine Flamme kann durch den Fahrtwind ein Inferno auslösen. Wir haben bereits gesehen, wie zu Beleuchtungszwecken verwendetes Öl oder Gas eine unheilvolle Allianz mit den glühenden Kohlen in der Lokfeuerung einging und die Trümmer nach Entgleisungen oder Zusammenstößen regelrecht in Scheiterhaufen verwandelte. Ein Brand in einem Tunnel ist noch schlimmer. Giftige Dämpfe können nicht abziehen, so daß die Passagiere, die nicht im Feuer umkommen, an einer Rauchgasvergiftung sterben.

**Zwei Züge fuhren in ein Gebiet, in dem große Mengen Erdgas aus einem Pipeline-Leck ausgeströmt waren. Ein Funke oder eine offene Flamme genügte, um beide Züge in die Luft zu sprengen.**

Im August 1903 weitete sich ein scheinbar harmloser Brand im Stromregler eines Zuges der Pariser U-Bahn (die Ursache war ein Kabeldefekt) zu einer Katastrophe aus. Triebwagenzüge mit Elektromotoren in einigen der Wagen, d.h. Züge, die nicht von einer gesonderten Lokomotive gezogen wurden, waren einige Zeit zuvor entwickelt worden und bei der Pariser Metro im Einsatz. Anfangs verliefen die Kabel durch den Zug und hatten die volle Netzspannung. Es bestand ein erhebliches Risiko im Falle eines Kurzschlusses.

Die Fahrgäste des betreffenden Metrozuges wurden gebeten auszusteigen. Man wollte den Zug von einem anderen Zug ans Ende der Linie schieben lassen, dessen Fahrgäste ebenfalls aussteigen mußten. Man war aber noch nicht weit gekommen, als das Feuer um sich griff und den Wagen, in dem es ausgebrochen war, einschloß. Rauch und Dämpfe traten in den Tunnel aus. Ein nachfolgender Zug, der überfüllt war, weil die Passagiere der beiden anderen Züge dort eingestiegen waren, wurde eiligst evakuiert. Durch das Verlöschen der Lichter und den Rauch im Tunnel gerieten die Fahrgäste in Panik und rannten in Richtung Ausgang. Andere, die nicht wußten, was vorging, wollten nach unten auf den Bahnsteig. Insgesamt kamen in dem Durcheinander 80 Menschen um.

In der Londoner U-Bahn-Station King's Cross hatte am 18. November 1987 kein Zug Schuld an der dortigen Katastrophe. Ein Brandherd an einer der Rolltreppen, die von der tiefer gelegenen Piccadilly Line heraufführen, konnte 15 Minuten lang schwelen, bis das Feuer schließlich aufloderte. Ein Feuerball schoß durch den Rolltreppentunnel auf die Bahnhofshalle zu. In King's Cross treffen sich vier U-Bahn-Linien und bedienen je zwei Bahnsteige. Es gibt

***Links:** Von den anstrengenden Rettungsarbeiten erschöpfte Feuerwehrleute schnappen am Eingang zu King's Cross kurz Luft. Ein kleiner Brand an einer U-Bahn-Rolltreppe war zu einem Feuerball aufgelodert, der 31 Fahrgäste einschloß.*

***Rechts:** Kaum Hoffnung auf Überlebende in den Trümmern der Transsib-Züge, die 1989 in der Nähe von Ufa durch eine Erdgas-Explosion zerstört wurden. Das Gas war aus einer defekten Pipeline ausgeströmt und hatte sich großräumig ausgebreitet. Das Leck war aufgrund mangelnder Kontrolle nicht entdeckt worden.*

***Rechts:** Die ausgebrannte Halle mit den Eingangsschranken vor der Rolltreppe in King's Cross nach dem Löschen des verheerenden Brandes.*

verschiedene Rolltreppen und Treppenaufgänge, über die man auf die Straße und zu zwei Fernbahnhöfen (King's Cross und St. Pancras) gelangt. Die Station ist also auf vielerlei Wegen zu erreichen. Eine Zeitlang kamen noch U-Bahnen im Minutenabstand an. Das Personal und die Handvoll Polizisten, die zufällig auf dem Bahnhof waren, stellten schnell fest, daß es so gut wie unmöglich war, die Station zu evakuieren. Feuerwehr und Rettungswagen waren zwar schnell zur Stelle, trotzdem starben 31 Menschen. Noch Wochen danach roch es in King's Cross und benachbarten U-Bahn-Stationen verbrannt.

Die Katastrophe zog eine gerichtliche Untersuchung nach sich, die zu dem Schluß kam, daß der Brand wahrscheinlich von einer Zigarettenkippe verursacht wurde, die zwischen die Stufen der Rolltreppe gefallen war. Die noch glühende Kippe entzündete mit Schmieröl getränkten Staub. Der Brand griff schnell auf die hölzernen Teile der Rolltreppe über. Im Ergebnis der Untersuchung wurden über 150 Sicherheitsempfehlungen ausgesprochen. Die Londoner U-Bahn konzipierte ihr Brandschutzsystem völlig neu und verhängte ein totales Rauchverbot.

Ein knappes Jahrzehnt zuvor ereignete sich am 6. Juli 1978 in Taunton an der Strecke Penzance–Paddington eine der größten durch Feuer verursachten Tragödien, bei der ein Schlafwagen ausbrannte. Der Wagen hatte zwar eine Stahlkarosserie, trotzdem war der Unterschied zu einem Brand älterer Holzwagen nicht sehr groß. Das lag an der großen Menge brennbaren Materials im Wageninneren. Der Brand entstand, weil ein Beutel mit verschmutzter Bettwäsche vor einem elektrischen Heizkörper liegengelassen worden war. Der Beutel begann zu schmelzen, als der Zug Exeter – die Station vor Taunton – verließ. Rauch und Dämpfe drangen z.T. durch das Druckbelüftungssystem in die Abteile ein, und bald darauf stand der Wagen in Flammen. 12 Menschen kamen um. Die Lage wurde dadurch verschlimmert, daß die Außentüren des Wagens verschlossen waren und die Passagiere nicht gleich ins Freie gelangen konnten. Dieses Unglück wurde dadurch begünstigt, daß das Personal unzureichend geschult und der Brandschutz nicht genügend beachtet worden war.

Die Katastrophe jedoch, die sich am 4. Juni 1989 in Ufa in der damaligen Sowjetunion ereignete, hätten alle Brandschutzmaßnahmen der Welt nicht verhindern können. Sie geschah an der Transsibirischen Eisenbahn und verursachte einen Feuerball von über 1,5 km Durchmesser. Zwei Züge waren in ein Gebiet eingefahren, in dem große Mengen Erdgas aus einem Pipeline-Leck ausgeströmt waren. Entweder ein Funke oder eine offene Flamme genügte, um beide Züge in die Luft zu sprengen. Die Zahl der Opfer konnte nie genau festgestellt werden, aber sie ging gewiß in die Hunderte. Die meisten der wenigen Überlebenden erlitten schwere Verbrennungen.

Bei Katastrophen, die mit Feuer zu tun haben, muß es aber nicht immer einen Zugbrand geben. So kam es während des 2. Weltkriegs zu einem schrecklichen Ereignis, das wie das Unglück von Modane (siehe S. 56) nicht direkt auf Kriegshandlungen, sondern auf den Kriegszustand allgemein zurückzuführen war. Süditalien befand sich im Frühjahr 1944 zwar schon in der Hand der Alliierten, aber das zivile Leben verlief noch nicht wieder in alltäglichen Bahnen. Im Zugverkehr genossen Güterzüge Vorrang. Östlich von Neapel und der Küstenebene von Sorrent verlief die Strecke zum Golf von Tarent, sozusagen an der Ferse des italienischen Stiefels, über die südlichen Apenninen, wo es steile Gefälle gab. Am 2. März fuhr ein schwerer, von zwei Dampflokomotiven (2-8-0) gezogener Güterzug auf dieser Strecke nach Potenza. Er hätte streng genommen nur Güter transportieren dürfen, doch in den Wagen drängten sich 600 Menschen und erhöhten so das Gewicht noch weiter.

Auf den Lokomotiven lief nicht alles nach Plan. Die Kohle war schlecht, enthielt einen großen Staubanteil und verbrannte mit dicken Rauchschwaden. Der Zug fuhr auf den eingleisigen Abschnitt hinter Balvano. Bei der Einfahrt in den Armi-Tunnel fiel der Dampfdruck, und die Räder drehten durch. Schließlich kam der Zug in der Mitte des schon mit Qualm gefüllten Tunnels zum Stehen. Der Zug hätte rückwärts wieder hinausfahren müssen, doch das Kohlenmonoxid verbreitete sich so schnell im Tunnel, daß alle Menschen im Zug daran erstickten. Nur einige am Zugende, das sich noch vor dem Tunnel befand, kamen davon. Mehr als 400 Opfer mit Rauch- und Kohlenmonoxidvergiftung waren zu beklagen.

## Hochwasser und Brücken

Katastrophen durch einstürzende Bauwerke sind in den meisten Fällen auf bestimmte Witterungseinflüsse zurückzuführen. Wie wir schon gesehen haben, weisen die Bauwerke gelegentlich Konstruktionsmängel auf. Manchmal entsprachen auch die zur Bauzeit verwendeten Materialien nicht den Anforderungen. Doch über die Jahre hinweg wurden die Brücken vor allem durch Hochwasser unterspült, insbesondere in Gebieten mit heftigen, lang anhaltenden Regenfällen oder in Gebirgsregionen, wo sich bei schweren Gewittern oft eine Wasserflut durch enge Täler ergießt. Züge stürzen ggf. in die Öffnung, die durch zerstörte Träger entsteht, oder sie werden in die Tiefe gerissen, wenn ein Brückenbogen unter ihnen zusammenbricht.

Die Eisenbahnstrecken des indischen Subkontinents sind besonders hochwassergefährdet. Monsunregen verwandeln Flüsse in tosende Fluten, denen selbst die besten Brückenfundamente nicht gewachsen sind. Es gibt zahlreiche Beispiele, in denen Brücken plötzlich und mit schlimmsten Folgen unterhöhlt wurden, wie die Tragödie von Mangapatnan im Jahre 1902, als der Postzug von Madras nach Bombay regelrecht weggespült wurde und mehr als 60 Menschen in den Tod riß. Oder das Unglück bei Quilon 1988, bei dem der Schnellzug Bangalore–Trivandrum in einen See stürzte und mindestens 100 Menschen (wahrscheinlich weitaus mehr) ertranken.

In anderen Ländern sind solche Unglücksfälle relativ selten. 1911 brach in Montreuil-Bellay in Westfrankreich ein Brückenpfeiler unter einem Zug zusammen, wobei 22 Todesopfer zu beklagen waren. Drei Jahre später verursachte ein schweres Gewitter eine Sturzflut an der Hauptstrecke durch das schottische Hochland. Die Fluten ergossen sich von den Bergen durch eine enge Schlucht und unterspülten die Fundamente einer gemauerten Brücke, die in der Nähe von Carr Bridge über den Baddengorm Burn führte. Ein Teil eines Zuges stürzte in den Abgrund, ein Wagen wurde völ-

**Links: Techniker bergen das Brückensegment, das 1911 im französischen Montreuil-Bellay zusammenbrach. Es stürzte ins Wasser, nachdem ein Pfeiler zerstört worden war, und riß einen Zug mit. Die Lokomotive ist im Vordergrund sichtbar.**

**VORBEUGENDE MASSNAHMEN**

Ungewöhnliche Wetterlagen können plötzliche Sturzfluten auslösen, doch durch gute Wartung und regelmäßige Inspektionen der Fundamente kann die Katastrophengefahr verringert werden.

***Rechts: Die stark beschädigten Wagen des Zuges, der am Heiligabend 1953 in Walouru/Neuseeland in einen Fluß stürzte. Nach einem Vulkanausbruch in den Bergen zerstörten die ausgelösten Fluten den Eisenbahn-Viadukt.***

lig zerstört und fortgerissen. Fünf Passagiere starben. Noch nicht so lange her ist das Unglück, das sich im Oktober 1987 an der Strecke Llanelli–Craven Arms in Mittelwales ereignete. Ein Dieselzug mit zwei Wagen stürzte in den Fluß Towy. Er fuhr extra langsam, damit die Besatzung die Strecke prüfen konnte. In der Dunkelheit sahen die Männer jedoch nicht, daß die Glanrhyd-Brücke in den Hochwasser führenden Fluß gesackt war, nachdem ihre Fundamente zerstört worden waren. Vier der Reisenden des Zuges ertranken.

Auch durch seismische Aktivitäten ist es zu Eisenbahnkatastrophen gekommen, z.B. durch das Erdbeben 1923 auf der japanischen Insel Honshu, das Zerstörung und Tod mit sich brachte. Am 24. Dezember 1953 zerstörte ein Vulkanausbruch in Neuseeland das Becken eines Sees, dessen Wasser daraufhin durch ein enges Flußtal schoß. Die Flutwelle aus Seewasser, Asche und Eistrümmern riß alles mit sich. Die in Walouru über den Fluß führende Brücke wurde weggespült. In der Dunkelheit stürzte ein Zug in die Tiefe. Mehr als 150 Menschen kamen dabei ums Leben.

Nicht alle Brückenkatastrophen sind jedoch auf Naturgewalten oder Materialfehler zurückzuführen. Eisenbahnen sind trotz aller eigenen Sicherheitsvorkehrungen nicht gegen menschliches Versagen Außenstehender gefeit, beispielsweise, wenn LKW's mit Überhöhe oder andere Fahrzeuge unter Eisenbahnbrücken steckenbleiben und Gleise verschieben. Zu einem der schlimmsten durch Fremdverschulden verursachten Unglücksfälle kam es im September 1993 an einer Flußbrücke in Mobile, US-Bundesstaat

***Rechts: Schnee war die Unglücksursache in Abbots Ripton 1876, als Signale in der Position 'freie Fahrt' arretiert wurden. Das Unglück führte zu einer Änderung der Betriebsvorschriften.***

Alabama. Ein in einem Schubverband fahrender Lastkahn rammte einen Brückenpfeiler, erstattete darüber jedoch keine Meldung. Als kurze Zeit später ein Zug über die Brücke fuhr, brach der Pfeiler zusammen. Ein Teil des Zuges stürzte in den Fluß, 47 Passagiere und Besatzungsmitglieder starben.
Auch auf Brücken zuführende und parallel zum Flußufer verlaufende Bahndämme können unterspült werden und zu Entgleisungen führen, wenn die Gleise unter dem Zug weggleiten. Solche Unfälle gab es vielerorts. Einer der schlimmsten ereignete sich im September 1918 kurz vor Ende des Ersten Weltkrieges in Holland. Durch heftige Regenfälle war die Anfahrt auf eine Kanalbrücke in der Nähe von Weesp destabilisiert worden. Das Gleisbett rutschte weg, und ein Zug stürzte ab, wobei mehr als 40 Fahrgäste umkamen.

## Unfallursache Schnee

Schnee kann durchaus zur Gefahr werden, vor allem der „falsche" Schnee am falschen Ort. So war ein Schneesturm Ursache für das Unglück im englischen Abbots Ripton am 21. Januar 1876 bzw. für die Katastrophe im schottischen Castlecary zwischen Edinburgh und Glasgow am 10. Dezember 1937.
Das Drama von Abbots Ripton begann in Holme, wo ein Kohlezug, der bei heftigem Schneetreiben von Peterborough aus in Richtung Süden fuhr, die Strecke für den nachfolgenden „Flying Scotsman" Expreß freimachen sollte. Der Schnee fiel in großen Flocken, die überall liegen blieben. Es war also nicht der feine trockene Pulverschnee, der heutzutage elektrische Züge stillegen kann, wenn er in den Motor geblasen wird. Jedenfalls hielt der Kohlezug nicht, obwohl das Signal auf 'Halt' stand. Am nächsten Bahnhof mit Ausweichgleis – Abbots Ripton – zeigte das Flügelsignal für den Kohlezug 'freie Fahrt', doch der Signalwärter zeigte dem Lokführer eine rote Handlampe. Der Zug stoppte, um in das Ausweichgleis zurückzustoßen. Dieses Manöver war noch im Gange, als der Flying Scotsman plötzlich in voller Fahrt aus Dunkelheit und Schneetreiben auftauchte und gegen das Ende des anderen Zuges prallte. Aber damit nicht genug. Aus der Gegenrichtung näherte sich ein Zug von London King's Cross nach Leeds ebenfalls in voller Fahrt. Obwohl der Unfall mit Signalzündern und roten Lampen angezeigt wurde, konnte der Zug nicht rechtzeitig anhalten und fuhr in die Trümmer. Bei dem zweifachen Zusammenstoß kamen 14 Reisende ums Leben, die meisten, als der dritte Zug in die Unglücksstelle fuhr.
Schuld daran war der Schnee; die Signalhebel im Stellwerk standen zwar auf 'Halt', doch der Schnee blockierte die Öffnungen an den Signalmasten, so daß sich die Signalflügel nicht aus der Position 'freie Fahrt' bewegen ließen. Das Unglück von Abbots Ripton führte jedenfalls zu einer entscheidenden Veränderung auf dem Gebiet der Signaltechnik. Es wurde üblich, beim nächsten Stellwerk anzufragen, ob die Strecke frei sei, ehe ein Zug weitergeschickt wurde. Bis dahin hatte man dies einfach nur angenommen, sofern man nicht genau wußte, daß ein Zug auf der Strecke war.
In Castlecary an der Hauptstrecke Edinburgh-Glasgow nahm ein Vorwarnsignal die Anzeige der weiter hinten befindlichen Haltesignale vorweg. Zwei Lokführer maßen dieser Anzeige jedoch keine Bedeutung bei. Ein aus Dundee kommender Zug hatte die auf 'Halt' stehenden Signale in Castlecary überfahren, obwohl der Signalwärter dem sich nähernden Zug eine rote Lampe entgegengehalten hatte. Der Signalwärter vermutete zwar, daß der Zug nicht angehalten hatte, und nahm trotzdem den nächsten Zug aus Edinburgh an. Er vergewisserte sich aber, daß die Signale für diesen auf 'Halt' standen. Dieser schwere Schnellzug wurde von einer der riesigen „Pacific"-Loks vom Typ „Flying Scotsman" gezogen. Der Signalwärter sah mit Schrecken, daß auch dieser Zug am ersten Signal nicht stoppte. Er konnte nicht wissen, daß der Zug aus Dundee doch am äußersten Ende des Bahnhofs angehalten hatte. Der Zug aus Edinburgh rammte das Ende des ersten Zuges und überfuhr einige der Wagen.
Die Lokbesatzung des Edinburgh-Zuges überlebte, geschützt vom großen Führerstand und dem Kohlewagen ihrer Lokomotive. Beide Besatzungen beteuerten, daß das Vorwarnsignal auf 'frei' gestanden habe. Das hieß für sie, daß auch die weiter vorn befindlichen Signale 'freie Fahrt' anzeigen würden. Was das Vorwarnsignal tatsächlich angezeigt hatte, ist nie genau festgestellt worden.

**Links: Castlecary 1937. Zwei Züge überfuhren die Haltesignale. Einer hielt später, der zweite fuhr auf. Wagen des zweiten Zuges wurden über die Lok geschleudert und landeten auf dem ersten. 35 Menschen starben. Vermutlich waren Signalstellung und -sichtbarkeit durch Schneefälle beeinträchtigt.**

**AUSWIRKUNGEN**

Das Unglück von Abbots Ripton veränderte das System der Einfahrtgenehmigung. Es wurde auch ein neuer Signaltyp eingeführt, der schweren Schneefällen besser widerstehen konnte.

# KAPITEL 9

# DIE GROSSEN RÄTSEL

Im Herbst 1907 herrschte in Großbritannien große Aufregung, als die Zeitungen schon wieder von einem bei hoher Geschwindigkeit verunglückten Personenzug berichteten – dem dritten innerhalb von 16 Monaten. Was ging da vor? Noch heute ist nicht genau bekannt, warum sich diese Tragödien ereigneten. Sicher sind der eine oder andere Unfall, über die in diesem Kapitel berichtet wird, auf Fehler der Lokführer zurückzuführen, doch diese Männer kamen ebenso ums Leben wie die Heizer (wenn die Lok doppelt besetzt war), so daß sich die Art dieser Fehler nicht mit Bestimmtheit ermitteln läßt. Augenzeugen mochten eventuell aussagen, daß der Zug bei dem Unfall viel zu schnell fuhr oder nicht anhielt, aber man wird nie herausfinden, was sich tatsächlich im Führerstand abspielte. Man weiß zwar, ob die Bremsen betätigt wurden, aber es läßt sich nicht sagen, warum sie vielleicht zu spät ausgelöst wurden, um die Geschwindigkeit des Zuges anzupassen. War dem Lokführer oder dem Heizer schlecht geworden? Gab es einen anderen Notfall, der sie ablenkte? Mißachteten sie einfach die Signale oder deren Standort?

## Drei Fälle aus Großbritannien: Salisbury, Grantham und Shrewsbury

**Am 1. Juli 1906 fuhr ein Zug, der in Plymouth Passagiere eines Atlantik-Liners abgeholt hatte, auf seinem Weg nach London-Waterloo durch Salisbury.** Zu dieser Zeit tobte zwischen der Great Western Railway (GWR) und der London & South Western Railway (LSWR) ein harter Konkurrenzkampf um diese Strecke. Die GWR plante die Einweihung ihrer neuen, kürzeren Verbindung nach Plymouth für den nächsten Tag. Wollte die LSWR der Mitbewerberin zeigen, daß die Züge auf ihrer Strecke genauso schnell waren? Das wird immer ein Geheimnis bleiben.

An der Ausfahrt aus dem Bahnhof Salisbury in Richtung London beschrieb die Strecke aus Plymouth eine scharfe Linkskurve, und die Geschwindigkeit war auf 50 km/h begrenzt. Ob der Lokführer das Tempolimit übersah, oder ob er einfach nicht merkte, wie schnell er war (britische Dampfloks hatten in der Regel keinen Tachometer), bleibt ein Rätsel. Der Zug näherte sich Salisbury mit mehr als 100 km/h. Lokführer und Heizer waren nicht eingeschlafen – daran besteht kein Zweifel, denn die Lokomotivpfeife schrillte durch die Nacht, als der Zug durch den Bahnhof ins Verderben raste. In der scharfen Linkskurve brach der Zug nach

***Links:** Als 1907 in Shrewsbury ein Zug in voller Fahrt entgleiste, türmten sich die Wagen übereinander.*

***Rechts:** Im Juli 1906 kippte in Salisbury ein Zug von Plymouth nach London in einer scharfen Kurve um. Die hölzernen Wagen brachen auseinander, wobei über die Hälfte der 43 Passagiere ums Leben kam.*

*Oben: 1906 hielt ein Zug unerklärlicherweise nicht am Bahnhof Grantham. Er fuhr durch eine Kurve auf eine Nebenstrecke und entgleiste. Ein Teil des Zuges fiel den Bahndamm hinunter; fast alle Wagen gerieten in Brand.*

rechts aus und kippte um. Dabei kamen mehr als die Hälfte der 43 Passagiere und die Lokbesatzung ums Leben.
Gut zwei Monate später, am 19. September, sollte ein Schlafwagen/Postzug von London-King's Cross nach Edinburgh um 23 Uhr in Grantham halten. Nördlich des Bahnhofs Grantham befanden sich Weichen an der Stelle, wo die Strecke nach Nottingham von der nach Norden führenden Hauptstrecke der East Coast Line abzweigte. Die Weichen wurden für einen Güterzug aus Nottingham gestellt, der auf das nach Süden führende Gleis der Hauptstrecke fahren wollte. Das Verriegelungssystem führte in diesem Fall aber dazu, daß auch die Weichen am nordwärtigen Gleis in Richtung Nottingham gestellt waren. Allerdings standen die Signale für den Schnellzug aus King's Cross am Nordende des Bahnsteigs auf 'Halt', und das Vorwarnsignal vor dem Bahnhof zeigte 'Gefahr. Am nächsten Signal halten.' Diese Anweisung hätte den Lokführer nicht überraschen dürfen, denn er sollte ja ohnehin am Bahnsteig halten. In der für das Zusteigen der Fahrgäste und Aufladen der Post notwendigen Zeit würde die Strecke nach Norden wieder freigegeben werden.
Statt jedoch abzubremsen, raste der Edinburgh-Expreß durch den Bahnhof. Ein Signalwärter sah Lokführer und Heizer an ihren gewohnten Plätzen auf der Lok stehen. Die Weichen waren immer noch in Richtung Nottingham gestellt, als der Zug an den Haltesignalen vorbei über die Biegung an der Gleisverbindung schoß. Der Kohlewagen der Lok entgleiste, die ersten drei Wagen türmten sich dahinter auf, und nachfolgende Wagen wurden vom Bahndamm geschleudert. Glühende Kohle und ausströmendes Gas führten dazu, daß beide Wagengruppen Feuer fingen. 12 Fahrgäste und die Lokbesatzung starben.
Fährt man Shrewsbury von Norden aus Richtung Crewe an, führt die Hauptstrecke durch eine enge Linkskurve in den Bahnhof. Dort gibt es Weichen und noch engere Kurven zu den ganz links befindlichen Bahnsteigen. Das Tempolimit betrug 16 km/h. In den Frühstunden des 15. Oktober 1907 stoppte die Besatzung des 1.20 Uhr-Zuges von Crewe nicht, obwohl die Signale am Stellwerk kurz vor Shrewsbury auf 'Gefahr' standen (das Stellwerk am Kreuzungspunkt von Crewe Line und Chester Line hatte kein Gleis frei), sondern überfuhr diese bei vollem Tempo. Der Zug kippte in der scharfen Kurve um, wobei die Wagen über mehrere Gleise geschleudert wurden. Die Lokbesatzung und 16 weitere Zuginsassen, darunter auch die Sortierer in den Postwagen, kamen ums Leben.

## Drei Fälle aus den USA

**Das Unglück von Nashville am 9. Juli 1918, einer der schlimmsten Unfälle in den USA auf einer eingleisigen Strecke, ist bis heute ein Rätsel. Auch hier überlebte niemand von der Lokbesatzung.** Die Vorschriften besagten, daß Personenzüge den Weg für Schnellzüge freimachen mußten. Also sollte ein Personenzug in eine lange Ausweichschleife in Nashville fahren, um einen entgegenkommenden Schnellzug durchzulassen. Falls der Schnellzug Verspätung hatte, mußte der Personenzug anhalten und auf ihn warten. Warum der Personenzug am besagten Tag nicht wartete, sondern wieder auf die eingleisige Strecke fuhr, konnte nie geklärt werden. Personen- und Schnellzug, deren Geschwindigkeit zusammengenommen etwa 160 km/h betrug, stießen frontal zusammen. Es gab viele Opfer: mehr als 100 Menschen kamen um. Diese Zahl wurde bei keinem anderen Eisenbahnunglück in den USA je übertroffen.
Als im April 1940 ein Schnellzug der New York Central (NYC) von New York nach Chicago in einer scharfen Kurve entgleiste, wurden Erinnerungen an die Katastrophen von Salisbury und Shrewsbury einige Jahrzehnte zuvor wach. Die betreffende NYC-Strecke wurde „Water Level Route“ genannt, da ihr Verlauf Flußtälern folgte – zunächst nordwärts nach Albany, dann in westlicher Richtung den Mohawk River entlang und bei Rochester über die Appalachen. Die viergleisige Hauptstrecke verlief dicht am Flußufer.

An der Flußbiegung bei Little Falls machte auch die Strecke eine scharfe Kurve, in der ein Tempolimit von 72 km/h galt. Trotz der entsprechenden Warnsignale und trotz der Führerstandssignale, deren Erhalt der Lokführer auch bestätigte, drosselte er das Tempo nicht. Die Lokomotive und 11 der 14 Wagen wurden über die vier Gleise geschleudert und zum Teil schwer zerstört. Zu den 30 Todesopfern gehörte der Lokführer. Außerdem gab es viele Schwerverletzte.

Wie wir schon gesehen haben, war es bereits seit den Kindertagen der Eisenbahn an geöffneten Brücken zu Unfällen gekommen. 1958 gab es wesentlich bessere Signaltechnik, einschließlich automatischer Warnsysteme (AWS), stellenweise sogar automatische Zugsteuerung, mit der die Geschwindigkeit eines Zuges unter bestimmten Bedingungen (aber nicht generell) einem Limit angepaßt werden konnte. An Hubbrücken gab es Schutzweichen, die einen Zug, der die Haltesignale überfuhr, entgleisen ließen und somit (theoretisch) zum Stehen brachten, bevor die Brückenöffnung erreicht war.

Aber auch die besten Systeme funktionieren nicht immer reibungslos. Am Morgen des 15. September 1958 mißachtete der Lokführer eines nach New York fahrenden Diesel-Nahverkehrszuges in Newark Bay, Bundesstaat New Jersey, ein Vorwarnsignal, überfuhr ein Haltesignal und passierte in so hohem Tempo die Schutzweichen, daß seine beiden Lokomotiven und zwei der fünf Wagen von einer offenen Hubbrücke ins Wasser stürzten. 48 Menschen, darunter vier Mitglieder der Besatzung, kamen ums Leben. Wie konnte der Fahrer zwei Signale nicht beachten und eine geöffnete Hubbrücke nicht sehen?

**EMPFEHLUNGEN**

Flächendeckender Einsatz von AWS/Führerstandssignalen, bessere Ausbildung der Lokführer und höhere Disziplin – durch diese drei Faktoren hätten die Unfälle von Nashville, Little Falls und Newark Bay verhindert werden können.

***Links:* Die Rettungsmannschaften konnten für 48 Menschen an Bord dieses Nahverkehrszuges nichts mehr tun, der im September 1958 in Newark Bay (USA) in den Fluß stürzte. Der Lokführer überfuhr das Haltesignal vor der geöffneten Brücke.**

*Oben: Nach der Kollision von drei Zügen in Harrow im Oktober 1952 werden mit schwerer Hebetechnik Wrack-Teile entfernt, so daß die Rettungstrupps in dem Berg verkeilter Wagen nach weiteren Überlebenden suchen konnten.*

## Das Unglück von Harrow, Großbritannien, 1952

**Die Doppelkollision vom 8. Oktober 1952 am Bahnhof Harrow & Wealdstone, ca. 20 km nordwestlich von London-Euston** an der Hauptstrecke entlang der Westküste nach Schottland, galt zum damaligen Zeitpunkt als das schlimmste Eisenbahnunglück in Friedenszeiten in Großbritannien. Wie sechs Jahre später in Newark übersah die Lokbesatzung auch hier, daß das Licht eines Vorwarnsignals 'Gefahr' anzeigte. Es bedeutete eigentlich, daß sich der Lokführer darauf einstellen mußte, erforderlichenfalls am nächsten Signal anzuhalten. Jener Morgen war dunstig, und die aufgehende Sonne muß dem Lokführer direkt ins Gesicht geschienen haben, als der Schlafwagenzug von Perth nach London sich Harrow näherte. Wir wissen nicht, ob die Lokbesatzung durch irgend etwas abgelenkt war oder ob Dunst und Licht den Lokführer das Vorwarnsignal nicht sehen ließen. Das nächste Signal ca. 1,5 km dahinter stand auf 'Halt'. Ein Personenzug mit Dampflok war vor dem Zug aus Perth vom Langsam- auf das Schnellgleis gefahren, um planmäßig am Bahnsteig von Harrow zu halten.

Gerade als die Fahrgäste in den schon gut besetzten Personenzug einstiegen, tauchte der Schnellzug aus Perth mit Tempo 100 km/h aus dem Dunst auf. Die Lok schob sich durch die drei hinteren Wa-

gen des Personenzuges und neigte sich zur Seite. In der nächsten Minute kam aus der Gegenrichtung ein weiterer, von zwei Loks gezogener Schnellzug, der ebenfalls mit 100 km/h von Euston nach Liverpool und Manchester unterwegs war. Er hatte keine Möglichkeit anzuhalten und raste in die Unfallstelle. Die beiden Loks bäumten sich auf, als sie gegen die andere Schnellzug-Lokomotive prallten, zerstörten die über die Gleise führende Fußgängerbrücke und kippten über den angrenzenden Bahnsteig auf das Gleis des elektrischen Vorortzuges, auf dem ein vierter Zug zum Glück rechtzeitig gestoppt worden war.
Der Trümmerberg war enorm: 13 Wagen, zusammengepreßt auf ca. 40 m Länge, 15 m Breite und 9 m Höhe. Darunter lag die Lok des Zuges aus Perth. Insgesamt wurden 112 Menschen getötet, unter ihnen die Lokbesatzung des Perth-Zuges und ein weiterer Lokführer. 150 Reisende wurden verletzt, viele davon schwer. Da viele Bahnangestellte mit jenem Personenzug zur Arbeit fuhren, verloren einige Abteilungen der Bahnhauptverwaltung in Euston ihr gesamtes Personal. Von den Überlebenden verdankten viele den Rettungsmannschaften ihr Leben, zu denen in der Nähe stationierte Soldaten der US-Army gehörten. Was in Harrow passierte, ist bekannt, warum es passierte, wird immer im Dunkeln bleiben.
Dieses Unglück beschleunigte die Einführung des automatischen Warnsystems (AWS) bei British Rail.

## Das größte Rätsel: Moorgate, 1975

**Schon seit der Eröffnung der Londoner U-Bahn kurz nach der Jahrhundertwende gibt es automatische Geräte, um Züge nach dem Überfahren eines Haltesignals zu stoppen.** Über die Notwendigkeit eines automatischen Halts bei unangemessener Geschwindigkeit an einer Endstation wurde nie auch nur nachgedacht. Warum auch? Schließlich bringen die Fahrer der Londoner U-Bahn ihre Züge an den Endstationen tausende Mal am Tag sicher zum Stehen. Eine reine Routineangelegenheit – bis zum 28. Februar 1975, 8.46 Uhr.
Moorgate ist die Endstelle des kurzen Abzweigs von Drayton Park. Die 4,4 km werden im Shuttle-Verkehr bedient. Ein Zug näherte sich dem Bahnsteig, bremste jedoch nicht ab, sondern beschleunigte und fuhr in den kurzen Tunnel am Ende des Bahnhofs. Er prallte mit solcher Gewalt gegen die Stirnwand, daß die vorderen drei Wagen zu einem kompakten Metallklumpen zusammengeschoben wurden. Doch damit nicht genug. Da der Tunnel ursprünglich für normalgroße Fernzüge gebaut worden war, wurden die kleineren U-Bahn-Wagen gegen das Tunneldach geschleudert. Die Rettungsarbeiten waren aufgrund des begrenzten Platzes unheimlich schwierig. Da viele Fahrgäste in den Trümmern eingeschlossen waren, ließ sich Schneidetechnik nur begrenzt einsetzen.
Es war das schlimmste U-Bahn-Unglück in London. 42 Passagiere und der Fahrer starben, 74 Menschen wurden verletzt. Wir wissen, daß der Fahrer beschleunigte statt zu bremsen, als der Zug am Bahnsteig einfuhr. Dies war aber kein Versehen, wie z.B. beim Unglück von Wädenswil (siehe S. 56), weil bei der Londoner U-Bahn Stromzufuhr und Bremse getrennt sind. Augenzeugen berichteten, daß der Fahrer vor dem Unglück in seiner Kabine stand und geradeaus schaute. Es wurde sogar spekuliert, daß er sich das Leben nehmen wollte, doch laut gerichtlicher Untersuchung handelte es sich um einen „Unfall mit Todesfolge".
Warum sollte der Fahrer Suizidabsichten gehabt haben? Und warum sollte er so viele Menschen mit in den Tod nehmen? Wir werden es nie wissen.

***Oben: Die U-Bahn-Katastrophe von Moorgate im Februar 1975 stellte die Rettungsmannschaften vor eine der schwersten Aufgaben seit dem 2. Weltkrieg. Es dauerte über 12 Stunden, um zu den letzten Überlebenden vorzudringen, die in den verkeilten Wagen eingeschlossen waren. Die Leiche des Fahrers wurde erst weitere dreieinhalb Tage später geborgen.***

# KAPITEL 10

## TRAGÖDIEN IM WEIHNACHTSVERKEHR

Weihnachten ist bekanntlich das Fest der Familie. Viele Menschen besuchen Verwandte oder machen ein paar Tage Urlaub. Heute geschieht das meist per Auto, Flugzeug oder Schiff, während die Eisenbahn an Bedeutung verloren hat. Unabhängig vom Verkehrsmittel bringt der Weihnachtsverkehr in jedem Fall Probleme mit sich, da die vielen Reisenden innerhalb kurzer Zeit – mit dem Höhepunkt am 24. Dezember – losfahren und nach einigen Tagen schon wieder zurückkehren.

**Das führt im Verkehrswesen zu erheblichen Belastungen, von denen in der Vergangenheit die Bahn den Großteil zu tragen hatte.** Für die planmäßigen Fahrten wurden oft zwei oder noch mehr Züge eingesetzt, oder es gab Sonderzüge, die unter Umständen bis zu entlegenen Bahnhöfen an Nebenstrecken verkehrten, die sonst nur mit Umsteigen in einen Nahverkehrszug zu erreichen waren.

Einer der frühesten „Weihnachtsunfälle“ der Bahn ereignete sich 1841 in Sonning an der von der Great Western Railway betriebenen Hauptstrecke von London-Paddington nach Bristol. Am 24. Dezember 1841 befuhr ein Zug aus London den langen, tief eingeschnittenen Streckenabschnitt vor Reading, als es zu einem Erdrutsch kam. Der Zug, der 4.30 Uhr in Paddington abgefahren war, sollte eigentlich nur Güter befördern. Man hatte jedoch hinter dem Tender zwei Personenwagen angehängt. Das waren offene Wagen mit lediglich 60 cm hohen Seitenwänden, so daß die Sitzbänke dem Wetter und der Schlacke von der Lok voll ausgesetzt waren. Durch den Aufprall schoben die Güterwagen die Personenwagen zusammen, wobei acht Fahrgäste starben.

Der Schnellzug nach Strasbourg wurde von einer der größten in Frankreich eingesetzten Lokomotiven gezogen, einer riesigen 4-8-2. Die meisten Wagen des Zuges nach Nancy wurden zerstört, als dieser Gigant über sie hinwegrollte. Der Zusammenstoß von Lagny war das verheerendste Eisenbahnunglück, das Frankreich in Friedenszeiten erlebte. Nicht weniger als 230 Passagiere kamen ums Leben, 300 wurden verletzt.

***Links:** Wenn Wagen mit Gasbeleuchtung verunglückten, war meist ein Brand die Folge. Von einigen der Wagen, die am Heiligabend 1910 in den Zusammenstoß von Hawes Junction in den Pennines verwickelt waren, blieb nichts als ein Haufen Schutt und Asche.*

### Der Zusammenstoß von Hawes Junction, 1910

**Im Jahre 1910 war die von der Midland Railway betriebene Hauptstrecke von London–St. Pancras über Leeds und Carlisle bis nach Edinburgh und Glasgow die dritte Route nach Schottland. Sie führte mitten durch das Land** und konkurrierte mit den Linien entlang der Ost- bzw. Westküste (von King's Cross bzw. Euston). Zwischen Leeds und Carlisle überquerte die Strecke die Pennines. Der höchste Punkt (ca. 330 m über dem Meeresspiegel) wurde in Ais Gill erreicht. Von Süden her erfolgte der Anstieg ab Leeds zuerst gleichmäßig und relativ gemächlich, hinter Settle gab es jedoch einen 25 km langen, sehr steilen Stich. Dann kamen 16 km auf dem Kamm der Pennines mit leichtem Auf und Ab durch einen Ort, der damals Hawes Junction hieß und später in Garsdale umbenannt wurde, bis nach Ais Gill. Danach fiel die Strecke auf der anderen Seite bis nach Appleby 25 km lang steil ab.

Dieser steile Anstieg über die Pennines war eine der Ursachen für das Unglück von Hawes Junction in den Frühstunden des 24. Dezember 1910.

Die Midland Railway hatte nur kleine Loks, von denen oft zwei nötig waren, um die schwereren Züge die Anstiege hinaufzuziehen. In Hawes Junction auf dem Gebirgskamm wendeten die in Ais Gill abgekoppelten Hilfsloks, um zu ihren Depots in Leeds oder Carlisle zurückzufahren.

An jenem Morgen befanden sich auf dem Rangierplatz von Hawes Junction neun Loks, die auf die Abfahrt warteten, darunter zwei

aus Ais Gill. Diese waren von Zügen aus Carlisle abgekoppelt worden, hatten gewendet, waren nun zusammengekoppelt und sollten nach Carlisle zurückfahren.
Die Zugdichte war hoch, da zu den regulären Personen- und Güterzügen noch Weihnachtssonderzüge verkehrten. Der Signalwärter ließ die beiden Loks vom Rangierplatz an den Bahnsteig der Nebenstrecke fahren. Nachdem auf der Hauptstrecke Güterzüge in beide Richtungen und ein Sonderzug nach Schottland durchgefahren waren, blieben einige Minuten, um die Loks auf das nordwärtige Gleis zu lotsen. Bevor jedoch der Sonderzug den 5 km langen Blockabschnitt nach Ais Gill nicht verlassen hatte, konnten die Loks nicht abfahren, sondern mußten am Abfahrtssignal in Hawes Junction stehenbleiben.
Hawes Junction war schon an schönen Tagen ein trostloser, windiger Ort. In jener Nacht aber war es einfach scheußlich: Es regnete heftig, und der Wind heulte. Auf dem Gleis Richtung Süden fuhren weitere Züge durch; andere Loks sollten nach Leeds zurückgeschickt werden. All dies führte dazu, daß der Signalwärter die beiden Loks nach Carlisle einfach vergaß. Als ihm ein Nachtexpreß aus Richtung Süden angekündigt wurde, gab er das Glockensignal nach Ais Gill, das den Zug bestätigte. Er stellte die Signale für den Expreß auf freie Fahrt, was die Führer der wartenden Loks natürlich als Abfahrtsignal für sich verstanden. Sie bewegten sich mit ca. 50 km/h. Der von zwei Loks gezogene, doppelt so schnelle Schlafwagenzug holte rasch auf und erreichte die Loks kurz hinter einem Tunnel. Der erste Lokführer sah zwar noch die roten Rücklichter der hinteren Lok, hatte aber viel zu wenig Zeit, um zu bremsen und den Zusammenstoß noch zu verhindern.
Die vordere Schnellzuglok entgleiste. Die zweite kippte auf die Seite, und die hölzernen Wagen türmten sich dahinter auf. Die meisten hatten Gasbeleuchtung, so daß die Trümmer schnell Feuer fingen. 12 Passagiere waren entweder sofort tot oder starben später, über 20 wurden verletzt.
Nach diesem Unglück wurde die Forderung nach Abschaffung der Gasbeleuchtung laut (die aber auch fast 20 Jahre später noch auf der Midland Line nach Bristol bei einem Zusammenstoß einen Brand auslöste). Außerdem wurde zum ersten Mal die Empfehlung ausgesprochen, Gleisstromkreise zu installieren, die verhindern sollten, daß Signalwärter Züge vergaßen, die sie nicht sehen konnten.
In Hawes Junction waren aber auch die Besatzungen der beiden Loks mitschuldig. Nach der berühmten Vorschrift Nr. 55, einer der wichtigsten Regeln vor der Einführung von Gleisstromkreisen, hätten sie den Signalwärter daran erinnern müssen, daß ihre Loks auf dem Hauptgleis standen.

## Der Zusammenstoß von Lagny, Frankreich, 1933

**Nebel war stets ein Feind von Signalwärtern und Lokführern, vor allem bevor Gleisstromkreise und andere Anlagen den Signalwärtern halfen, Züge zu lokalisieren.** Für die Lokführer war das Ausschauhalten nach Signalen im Nebel schwierig und nervtötend, besonders zu Zeiten der funzligen Öllampen. Nebel war der eigentlich entscheidende Auslöser der Entwicklung verschiedener Formen automatischer Zugsicherungs- und Warnsysteme. In Großbritannien war die Great Western Railway eine der ersten, die diese Erleichterung für Lokführer einführte. In Frankreich war seit den 20er Jahren eine Art AWS im Einsatz: Strom floß durch einen Kontakt an der Lokomotive, der an Vor- oder Warnsignalen einen ebenfalls elektrischen Kontakt am Gleis berührte. Das läßt die Katastrophe von Lagny um so rätselhafter erscheinen. 1933 fiel Weihnachten auf einen Montag. Viele Leute fuhren schon am Sonntagabend zu Verwandten oder Freunden. Dieser Abend war frostig-kalt und sehr neblig. Am Pariser Gare de l'Est herrschte Chaos: Einige Züge hatten Verspätung; es mußten Ersatzzüge eingesetzt werden. Ein Zug von Paris nach Nancy fuhr bereits mit zwei Stunden Verspätung ab. Er war noch nicht aus den Pariser Vororten herausgekommen, als es zu weiteren Verzögerungen und Stops kam.
Als er in Lagny, 27 km außerhalb von Paris, gerade freie Fahrt erhalten hatte, schoß der Schnellzug Paris–Strasbourg mit Tempo 100 km/h aus dem Nebel und raste ungebremst in das Ende des langsameren Zuges.
Der Schnellzug nach Strasbourg wurde von einer der größten in Frankreich eingesetzten Lokomotiven gezogen, einer riesigen 4-8-2. Die meisten Wagen des Zuges nach Nancy wurden zerstört, als dieser Gigant über sie hinwegrollte. Der Zusammenstoß von Lagny war das verheerendste Eisenbahnunglück, das Frankreich in Friedenszeiten erlebte. Nicht weniger als 230 Passagiere kamen ums Leben, 300 wurden verletzt.
Rätselhaft bleibt, warum der Zug nach Strasbourg Warn- und Haltesignale überfahren hatte, bevor er mit dem anderen zusammenstieß. Vielleicht versagte das AWS durch den Frost. Der Lokführer wurde des Totschlags angeklagt, aber das Urteil lautete „nicht schuldig".

## Der Zusammenstoß in Genthin, 1939

**Der Zusammenstoß in den Frühstunden des 22. Dezember 1939 in Genthin, 65 km westlich von Berlin, an der Hauptstrecke Berlin–Magdeburg** war dem von Lagny

### EMPFEHLUNGEN

Vermutlich hatte das AWS in Lagny aufgrund vereister Kontakte keine Warnung ausgegeben. Daraufhin wurden bauliche Veränderungen gefordert, um das Funktionieren bei Winterwetter zu sichern.

***Gegenüberliegende Seite:* Aufräumtrupps am Schauplatz des Unglücks von Hawes Junction. Ein Nachtexpreß war mit zwei Lokomotiven zusammengestoßen, die mit geringerem Tempo vor ihm fuhren.**

**EMPFEHLUNGEN**

Im Ergebnis des Unglücks von Coppenhall wurden die Vorschriften für Halt und Weiterfahrt verschärft. Die Telefonverbindungen zwischen Lokführern und Stellwerken wurden verbessert.

***Gegenüberliegende Seite: Die Wagen vom Typ British Railways Mark 1 bestanden zwar vollständig aus Stahl, konnten aber trotzdem beim Zusammenstoß von Coppenhall Junction am 2. Weihnachtsfeiertag 1962 der Kraft einer schweren Diesellok nichts entgegensetzen.***

sechs Jahre zuvor sehr ähnlich. Wieder fiel Weihnachten auf einen Montag. Trotz des ersten Kriegswinters herrschte reger Bahnverkehr. Zivilisten fuhren nach Hause oder zu Verwandten, und Soldaten, die keinen Dienst tun mußten, nutzten die Gelegenheit zu einem Kurzurlaub bei ihren Familien. Die Züge waren voll besetzt. Es gab zwar keine Sonderzüge, da die militärischen Erfordernisse natürlich Vorrang hatten, doch einige der planmäßigen Züge besaßen zusätzliche Wagen.

Die Nacht vom Donnerstag, dem 21. Dezember, war bitterkalt und zum Teil neblig, wie in Lagny. Als der Freitag anbrach, verlor der 23.15 Uhr abgefahrene Schnellzug Berlin–Potsdam–Köln durch Signalkontrollen immer mehr Zeit. Als er sich Genthin näherte, hatte er fast 30 Minuten Verspätung. Der nachfolgende Schnellzug von Berlin nach Kassel kam wesentlich schneller voran, da der Lokführer einfach an einige Signale heranfuhr und diese tatsächlich auf 'freie Fahrt' umschalteten. Er übersah jedoch die Warnsignale in Belicke, der Station vor Genthin, und überfuhr ein Haltesignal. Als er nach Genthin kam, fand er Freisignale vor, die aber für den voranfahrenden Zug gestellt waren, der sie gerade passierte. Das Genthiner Bahnhofspersonal war informiert worden, daß der zweite Zug Signale überfahren hatte, deshalb zeigte man ein rotes Licht. Unglücklicherweise sah das die Besatzung der ersten Lok und stoppte.

Der zweite Schnellzug kam aus dem Nebel und fuhr mit 100 km/h in den vorderen Zug. Die große Lokomotive (4-6-2) schleuderte die drei letzten Wagen in die Luft, die dann in einem Berg von geborstenem Holz und verbogenem Metall auf der Lok landeten. Die anderen Wagen wurden vor und hinter der 4-6-2-Lokomotive herumgeschleudert. Dieses Unglück war das schwerste je in Deutschland registrierte. Es gab 186 Tote und 101 Schwerverletzte. Dem Lokführer des zweiten Zuges brachte seine Sorglosigkeit drei Jahre Gefängnis ein, zumal er nicht zum ersten Mal Gefahrsignale überfahren hatte.

Es sollte jedoch nicht die einzige Tragödie sein, die sich an diesem Tag auf deutschen Bahnstrecken abspielte. Am Bodensee stießen zwei Züge frontal zusammen, wobei 101 Personen ums Leben kamen.

## Der Zusammenstoß in Coppenhall Junction, Großbritannien, 1962

**Am 2. Weihnachtstag 1962 waren viele Passagiere wieder auf dem Weg nach Hause, denn am 27. Dezember sollte wieder normal gearbeitet werden.** Auf der Westküsten-Hauptstrecke stauten sich nördlich von Crewe die in Richtung Süden fahrenden Züge, da um den Bahnhof Crewe Weichen festgefroren waren. Die Signaltechnik war damals bereits modernisiert worden. Es gab vollständige Gleisstromkreise, und ein Teil der Signale arbeitete automatisch. Diese neuen Signale wurden zwar z.T. noch von alten Stellwerken per Hebel bedient, doch von den Ankündigungs- und Einfahrtprozeduren der alten Blockabschnitte wurde keines mehr verwendet. Jedes Signal war mit dem folgenden gekoppelt. Wenn ein Signal ganz vorn auf Rot stand, zeigte das weiter hinten ein gelbes Licht als Warnsignal und das unmittelbar vor dem Zug zwei gelbe Lichter als Vorwarnung. Alle Signale verfügten über AWS-Gleismagneten.

Ein elektrisch betriebener Zug von Liverpool nach Birmingham war an einigen Signalen gestoppt worden. Obwohl die Strecke Gleisstromkreise hatte, mußte die Besatzung am Signal den Wärter anrufen, wenn sie Verspätung hatte. Der Lokführer tat das und erhielt Anweisung, auf das Freisignal zu warten. Das kam nach einer Weile, und der Zug fuhr zum nächsten Signal vor. Der nachfolgende Diesel-Zug von Glasgow nach London hielt kurz darauf an dem Signal hinter dem Birmingham-Zug. Unglücklicherweise funktionierte das Telefon zu diesem Zeitpunkt nicht, da jemand den Hörer nicht richtig aufgelegt hatte. Anstatt bei nahegelegenen Stellwerken anzurufen, entschied sich der Lokführer des Zuges nach London unter Beachtung der Vorschriften für die Weiterfahrt.

Inzwischen war es dunkel und bitterkalt. Der Zug nach London fuhr los. Der Lokführer konnte sehen, daß das nächste Signal vor ihm auf Rot stand. Als er näher herankam, wechselte es auf ein gelbes Licht. Was er bis zum letzten Augenblick nicht sah, war der Zug nach Birmingham, der an dem Signal gestanden hatte. Der Lokführer des zweiten Zuges war zwar der Meinung, nicht schneller als 10 km/h gefahren zu sein, sein Zug prallte aber mit solcher Wucht auf den anderen, daß dessen drei letzte Wagen (die vollständig aus Stahl bestanden) zusammengeschoben wurden. Es gab 18 Tote und 34 Schwerverletzte.

Der Lokführer des Zuges nach London wurde für das Unglück verantwortlich gemacht: Er hatte sich nicht vergewissert, daß die Strecke frei war, und nicht daran gedacht, andere Telefone anzuwählen. Außerdem, so das Ergebnis der Untersuchung, war sein Tempo zu hoch gewesen.

Im Ergebnis des Unglücks von Coppenhall wurden die Vorschriften für Halt und Weiterfahrt deutlich verschärft. Die Telefonverbindungen zwischen den Lokführern und den Stellwerken erheblich verbessert.

31202

KAPITEL 11

# GLÜCK IM UNGLÜCK

Die meisten der bisher beschriebenen Unfälle ereigneten sich aufgrund mangelnder Aufmerksamkeit oder falscher Lageeinschätzung. Einige waren das Ergebnis technischen Versagens, doch wesentlich mehr sind wegen der Unzulänglichkeiten der zum Zeitpunkt des Unglücks verwendeten Werkstoffe und Ausrüstungen zu Tragödien ausgewaschsen: Oft haben sie dann sogar zu Verbesserungen geführt, z.B. zur Ablösung des Gußeisens durch Schmiedeeisen und schließlich Stahl. Hölzerne Wagen waren im Katastrophenfall die reinsten Todesfallen: Das Holz zerbarst in kleine Stücke und bot den Passagieren bei Zusammenstößen keinerlei Schutz; darüberhinaus gerieten die Wagen im Zeitalter der Gas- und Öllampen leicht in Brand.

***Links: Oft ist Nachlässigkeit verantwortlich für Unfälle. Im Oktober 1988 wurden diese Class- 31-Dieselloks abgestellt, ohne die Bremsen richtig anzuziehen. Sie rollten über einen Gleisabzweig, durch Prellböcke und weiter auf die Autobahn M1 in London. Es gab keine Verletzten.***

**Seit dem 2. Weltkrieg wurden viel strengere Sicherheitsbestimmungen eingeführt. Ganz aus Metall bestehende Wagen,** z.T. aus Aluminium, z.T. aus Stahl, haben ihre hölzernen Vorgänger abgelöst. Die neueste Generation von Eisenbahnwagen in Großbritannien und einigen anderen Ländern ist integral konstruiert, d.h. die Wagen weisen eine selbsttragende, enorm widerstandsfähige Struktur auf, die bei einem Zusammenstoß nicht nachgibt. Die Automatisierung der Signaltechnik hat nicht nur dazu geführt, Fehlern von Signalwärtern im normalen Arbeitsablauf vorzubeugen, sondern sie erlaubt heute die vollständige computergestützte Überwachung und Steuerung des Eisenbahnverkehrs.

**Die Wagen wurden zwar im unteren Bereich stark beschädigt, da Drehgestelle weggerissen wurden, doch im oberen Teil zerbrachen nur einige Scheiben der doppelt verglasten Fenster. An den Schmalseiten der Wagen gab es einige Aufprallschäden, doch die Wagen blieben insgesamt intakt. 48 Passagiere wurden verletzt, Tote waren nicht zu beklagen.**

Viele Bahnstrecken sind allerdings noch nicht soweit ausgestattet, daß alle Folgen der Fehlentscheidungen von Lokführern beherrschbar sind. Die Technologie ist zwar erhältlich, doch sie ist extrem teuer. Zwischen Bahnbetreibern und Regierungen gibt es viele Diskussionen darüber, ob die Ausgaben für die Ausstattung einer bestehenden Strecke mit vollautomatischer Überwachung gerechtfertigt sind, wenn man bedenkt, daß es bei einem der äußerst selten gewordenen Unfälle nur sehr wenige Opfer geben würde, zumal die modernen Wagen den Passagieren heute sehr viel Sicherheit bieten. In einer Reihe von Ländern hat es in den letzten Jahren nicht einen einzigen Todesfall durch ein Eisenbahnunglück gegeben. An vielen neuen Strecken – z.B. in Japan, Deutschland, Frankreich und im Kanaltunnel – ist die Signaltechnik so weit automatisiert, daß sie dem Lokführer das Abbremsen oder Stoppen abnimmt, wenn dieser nicht rechtzeitig handelt.

In den letzten beiden Jahrzehnten hat es einige spektakuläre Unfälle wegen zu hohen Geschwindigkeiten gegeben, bei denen aber keine Todesopfer zu beklagen waren.

Im Februar 1980 war ein elektrisch betriebener Zug nach Manchester, der London-Euston 20.25 Uhr auf der Westküsten-Strecke in Richtung Norden verlassen hatte, gerade einmal 15 Minuten gefahren. Als er sich Bushey näherte, fuhr er knapp 160 km/h. Eine geschweißte Gleisverbindung war gebrochen, zwischen den Gleisenden war eine Lücke entstanden, die ausreichte, das Gleis unter dem Druck der Lokomotivenräder zu verschieben. Der gesamte Zug mit neun Wagen entgleiste. Die Waggons wurden in alle Richtungen geschleudert. Die in der Mitte wurden abgekoppelt und kippten auf die Seite. Glücklicherweise gehörten die Wagen (im Unterschied zum Speisewagen, der zum Glück aufrecht stehenblieb) zum Typ Mark 2 bzw. Mark 3, d.h. sie waren Ende der 60er bzw. Ende der 70er Jahre gebaut worden und hatten integrale Vollstahlkarosserien. Sie wurden zwar im unteren Bereich stark beschädigt, da Drehgestelle weggerissen wurden,

***Oben: Die umgekippten Wagen nach der Entgleisung in Bushey (nordwestl. Londons) 1980. Der Zug war mit Tempo 160 km/h unterwegs. Die Wagen an sich blieben unversehrt, nur einige Fensterscheiben brachen. Es gab kein Feuer und keine Toten dank der Qualität und Sicherheit moderner britischer Eisenbahnwagen.***

doch im oberen Teil zerbrachen nur einige Scheiben in den doppelt verglasten Fenstern, so daß kein Fahrgast herausgeschleudert wurde. An den Schmalseiten der Wagen gab es einige Aufprallschäden, doch die Wagenkörper insgesamt blieben intakt. 48 Passagiere wurden verletzt, doch es gab kein einziges Todesopfer. Welch ein Unterschied zu den Folgen des Gleisbruchs in Hither Green 1967 (siehe S. 68).

Noch bemerkenswerter war der Zwischenfall in Colwich, ebenfalls an der Westküsten-Strecke, allerdings weiter nördlich zwischen Lichfield und Stafford. Im September 1986 überfuhr ein Zug von London-Euston nach Manchester ein Gefahrsignal und stoppte erst, als sich das Vorderteil der E-Lok schon auf einer schrägen Bahnkreuzung befand, wo ein Gleis nach rechts abzweigte. Die Lok versperrte so das südwärtige Gleis der Hauptstrecke von Crewe, auf dem sich ein Zug von Liverpool nach London mit 160 km/h näherte. Die Lokomotive des Zuges aus Liverpool, ebenfalls eine E-Lok, wurde nach links vom Gleis getragen, und sieben der zwölf Wagen wurden über die vorderen Wagen des anderen Zuges katapultiert, davon zwei bis in Höhe des fünften Wagens. Die anderen bildeten zusammen mit den ersten beiden Wagen des Zuges nach Manchester einen riesigen Trümmerberg. Das war seit vielen Jahren einer der schwerwiegendsten Unfälle in puncto Materialschäden, doch nicht ein einziger Passagier kam ums Leben.

Einige wenige Unfälle gab es auch beim französischen Hochgeschwindigkeitszug TGV, der bis 300 km/h fahren kann. Zu nennen sind ein Zusammenstoß an einem Bahnübergang am 23. September 1988 und zwei Entgleisungen auf Tempostrecken, bei denen die Wagen aber hintereinander stehenblieben und nicht weggeschleudert wurden. In Deutschland entgleiste im März

**EMPFEHLUNGEN**

Trotz der hohen Sicherheit der Mk2- und Mk3-Wagen, wurden nach der Untersuchung weitere Verbesserungen gefordert, und zwar vorrangig bei der Wartung von Schweißnähten an Gleisen.

***Links:** Die Karosserie blieb zwar intakt, doch Dreh- und Fahrgestelle wurden bei der Entgleisung in Bushey erheblich beschädigt. Glücklicherweise kam kein anderer Zug, denn der entgleiste Zug blockierte andere Gleise.*

***Oben: Eine der vom Feuer beschädigten Lokomotiven des LKW-Shuttlezuges, der im November 1996 im Kanaltunnel in Brand geriet.***

***Gegenüberliegende Seite: Bei dem Brand brannten einige Wagen mit LKWs. Ein Tunnelabschnitt wurde schwer beschädigt. Die Sicherheitsvorschriften erwiesen sich jedoch als ausreichend, so daß die LKW-Fahrer im Personenwagen in den Service-Tunnel in Sicherheit gebracht werden konnten.***

1993 einer der neuen ICE-Züge an einem Kreuzungspunkt, jedoch bei geringem Tempo. In all diesen Fällen gab es keine Toten und – außer bei dem Unglück am Bahnübergang – auch keine Verletzten.

## Der Brand im Kanaltunnel, 1996

**Der 50 km lange Tunnel unter dem Ärmelkanal, der die Streckennetze von Großbritannien und Frankreich verbindet, besteht eigentlich aus drei Tunneln,** zwei eingleisigen Eisenbahntunneln zu beiden Seiten des mittleren Service- und Rettungstunnels. Dieser besitzt im Abstand von je 350 Metern Durchbrüche zu den durchgehenden Plattformen der Bahntunnel, d.h. das Ganze ähnelt einem 50 km langen Bahnhof mit zwei Bahnsteigen. Es wurden sämtliche Maßnahmen getroffen, um Züge und Tunnel feuersicher zu machen. Doch am 18. November 1996 wurde durch äußere Einflüsse deutlich, wie anfällig der Tunnel ist.

An einem LKW, der sich an Bord eines Güter-Shuttles befand, wurde ein kleiner Brand bemerkt, als der Zug den französischen Terminal in Calais in Richtung Folkestone verließ. Es dauerte ca. 10 Minuten, bis das Kontrollzentrum auf den Brand aufmerksam gemacht wurde und der Lokführer über Funk davon Kenntnis erhielt. Zu dieser Zeit hatte der Shuttle schon ungefähr ein Drittel der Strecke zurückgelegt, und das Feuer hatte sich ausgeweitet. Die Sicherheitsvorschriften sahen vor, daß der Lokführer in einem solchen Fall weiterfahren sollte, damit der Brand am Ende des Tunnels im Freien bekämpft werden konnte. Doch die Lokbesatzung erhielt die Warnung, daß sich die Stabilisierungswinden zum Auf- und Abladen an einem der Wagen senkten (ein – wie sich herausstellte – falscher Alarm, der durch den Brand ausgelöst wurde). Der Lokführer mußte anhalten, und zwar so nah wie möglich an einem der Durchgänge. Die zweite Strategie wäre gewesen, die Wagen hinter der Lok und dem direkt dahinter befindlichen Personenwagen für die LKW-Fahrer abzukoppeln und diese zurückzulassen. Die Lok konnte jedoch nicht wieder losfahren, da es in der Fahrleitung zu einem Kurzschluß gekommen war.

Das Feuer am Ende des Zuges war inzwischen zum Inferno geworden. Einige der Lastwagen brannten lichterloh, und es gab eine starke Rauchentwicklung. Der Personenwagen war hermetisch abgeschlossen, so daß erst Rauch eindringen konnte, als der Zugbegleiter die Tür öffnete, um zu sehen, was los war. Die Luftzirkulation im Tunnel wird durch riesige Ventilatoren bewerkstelligt. Sie wurden umgeschaltet und zogen den Rauch vom Personenwagen weg, so daß die Zugbesatzung und ca. 30 LKW-Fahrer sicher in den Service-Tunnel evakuiert werden konnten. Die Luft im Service-Tunnel hat einen höheren Druck als die in den Bahntunneln, damit bei einem Brand entstehende Dämpfe nicht eindringen können. 20 Minuten nachdem der Zug gehalten hatte, waren alle im Service-Tunnel. Einige hatten Rauchgase eingeatmet, als die Tür geöffnet wurde. Aber niemand kam ums Leben. Welch ein Unterschied zum Brand in King's Cross Station (siehe S. 73). Es waren gewiß einige Lehren aus dem Brand im Kanaltunnel zu ziehen, doch insgesamt erwiesen sich die Sicherheitsvorschriften als angemessen.

Noch einmal sei darauf verwiesen, daß die Umstände der in diesem Kapitel beschriebenen Unfälle ganz andere waren als zu vergangenen Zeiten, in denen hölzerne Wagen und verheerende Brände viele Tote und Verletzte forderten. Die heutigen Züge sind generell widerstandsfähiger und feuersicher. Dazu kommen bessere Gleise, mehr Automatik und bessere Unterstützung für den Lokführer im Falle einer Fehlentscheidung seinerseits. Die Eisenbahn kann daher zu Recht für sich in Anspruch nehmen, das sicherste Verkehrsmittel zu sein.

# SACHWORTREGISTER

Die *kursiv gedruckten* Seitenzahlen sind Hinweise auf Abbildungen.



**Indexerstellung: Ian D. Crane**